彩图1

彩图2

彩图3

彩图4

彩图5

彩图6

彩图7

彩图8

彩图9

彩图10 绿色食品LOGO

彩图11 有机食品LOGO

蔬菜绿色高质高效栽培技术与模式

席海军 冯树成 主编

化学工业出版社

·北京·

内容简介

本书根据农业农村部"蔬菜绿色高质高效创建县"项目的前沿技术及标准化生产模式,本着科学性、实用性、先进性原则,总结经过推广应用的优良品种、新技术、新设备及多个绿色高质高效标准化生产技术模式,经广泛征求专家与生产一线技术人员意见和建议后编著而成,既有一定的理论水平,更有很大的应用价值,是蔬菜产业未来一段时间具推广应用价值的技术和模式。此外本书将朝阳地区蔬菜品种应用情况调研列入了附录里供读者参考。本书适合农技推广人员、生产一线技术人员、温室大棚种植户及其他蔬菜种植户阅读参考。

图书在版编目(CIP)数据

蔬菜绿色高质高效栽培技术与模式/席海军,冯树成主编. —北京:化学工业出版社,2021.7
ISBN 978-7-122-38893-3

Ⅰ.①蔬… Ⅱ.①席… ②冯… Ⅲ.①蔬菜园艺-无污染技术 Ⅳ.①S63

中国版本图书馆 CIP 数据核字(2021)第 063340 号

责任编辑:李 丽   文字编辑:李娇娇 陈小滔
责任校对:边 涛   装帧设计:韩 飞

出版发行:化学工业出版社(北京市东城区青年湖南街 13 号 邮政编码 100011)
印 刷:北京京华铭诚工贸有限公司
装 订:三河市振勇印装有限公司
710mm×1000mm 1/16 印张 14¼ 彩插 1 字数 225 千字 2021 年 7 月北京第 1 版第 1 次印刷

购书咨询:010-64518888   售后服务:010-64518899
网 址:http://www.cip.com.cn

凡购买本书,如有缺损质量问题,本社销售中心负责调换。

定 价:59.00 元   版权所有 违者必究

编写人员名单

主　　编：席海军　冯树成

副 主 编：白晨辉　于海涛　董维军
　　　　　李宏秋　辛绪红　杨　一

参　　编：汤雨宁　任翠君　郭　月
　　　　　肖世盛　花爱军　杜丽芬
　　　　　赵洪志　武云东　刘国学
　　　　　张志刚　张兴智　王　锐
　　　　　李振宇　闫凤云　侯静波
　　　　　徐文成　赵振贤　赵永丹
　　　　　任立宏　王德峰　暴国兴
　　　　　孙明星　季海涛　白黎明
　　　　　黄福志　李树昕　刘海峰
　　　　　王永强　张宏军　侯文颖
　　　　　范淑丽　李　杰　相琳琳
　　　　　秦圆圆　韩莹莹　戴新文
　　　　　李　慧　张爱华　陈玉华
　　　　　吴立勇　王进兴　张国辉
　　　　　党　利　黄子源　于维江
　　　　　吴洪生　陈　利　闫洪亮
　　　　　李　盖　冯　利　赵　娜
　　　　　张晓飞　吕丽英　李鸿伟
　　　　　刘建超　张秀梅　杨冰冰
　　　　　钟　锋　范志刚　张华仁
　　　　　张　明　王凤玲　孙一鸣
　　　　　刘玉云　李　鑫　范宇博

技术顾问：刘爱群

前 言
PREFACE

　　产出高效、产品安全、资源节约、环境友好是提升蔬菜产业竞争力和蔬菜产业可持续发展的关键要素。辽宁省朝阳市是东北重要的日光温室蔬菜生产基地，2018年以来，在辽宁省农业农村厅的鼎力支持下，我们紧紧抓住农业农村部"蔬菜绿色高质高效创建县"落地我市喀左县的机遇，重点围绕攻关区、示范区、辐射区"三区"建设，开展了前沿技术及标准化生产模式研究，示范应用优良品种，集成推广了一批绿色高质高效标准化生产技术与模式，其中日光温室番茄"4＋秸秆综合利用"协同技术等多个标准化绿色生产模式得以普遍应用并受到广大生产者的好评。

　　为了将项目取得的成果进一步推广，本着科学性、实用性、先进性原则，笔者对项目实施的新品种、新技术、新设备、新模式以及绿色高质高效生产典型进行了收集、整理、提炼，并广泛征求有关专家、生产一线技术人员意见和建议，编写了《蔬菜绿色高质高效栽培技术与模式》。全书共分5章，第1章蔬菜绿色高质高效单项实用技术；第2章日光温室蔬菜生产标准化；第3章露地蔬菜生产标准化；第4章蔬菜安全生产基本常识；第5章蔬菜绿色高质高效技术协同应用案例。此外我们还对朝阳地区蔬菜品种应用情况进行了调研，调研结果列入了附录。

　　本书编写过程中，项目技术依托单位辽宁省农业科学院蔬菜研究所所长刘爱群研究员给予了宝贵的指导。本书还得到了辽宁省现代农业生产基地建设工程中心实施的"设施蔬菜绿色标准化重大技术协同推广"项目的技术支持,部分高产栽培示范户对本书提出了修改建议,编者对此深表感谢!

  由于时间仓促和水平有限,书中难免有疏漏之处,敬请读者批评指正。

编者

2021 年 3 月

目录
CONTENTS

第1章 蔬菜绿色高质高效单项实用技术 ………… 1

1 日光温室环境调控实用技术 ………………………… 1
2 秸秆生物反应堆应用技术 …………………………… 12
3 日光温室"土改基质"改良技术 …………………… 16
4 蔬菜配方施肥技术 …………………………………… 18
5 设施蔬菜栽培叶面施肥技术 ………………………… 23
6 微生物肥料常用种类及应用技术 …………………… 25
7 设施蔬菜常用的新型肥料类型、特点及使用方法 … 31
8 穴盘秧苗"一行双带双吊"应用技术 ……………… 41
9 植物生长补光灯应用技术 …………………………… 44
10 日光温室防虫网配套熊蜂授粉技术 ………………… 45
11 日光温室高温闷棚消毒技术 ………………………… 50
12 蔬菜绿色防控技术 …………………………………… 51
13 设施蔬菜栽培释放天敌昆虫防治害虫技术 ………… 57
14 植物免疫诱抗技术 …………………………………… 60
15 异常灾害天气设施农业防灾减灾技术 ……………… 62
16 设施蔬菜栽培机械化设备应用 ……………………… 67

第2章 日光温室蔬菜生产标准化 ……………………… 76

1 日光温室黄瓜长季节栽培技术规程 ………………… 76
2 日光温室番茄冬春茬栽培技术规程 ………………… 82

    3　日光温室番茄越夏栽培技术规程 …………………… 88

    4　日光温室茄子长季节栽培技术规程 …………………… 94

    5　日光温室辣椒长季节栽培技术规程 …………………… 100

    6　日光温室角瓜长季节生产技术规程 …………………… 106

    7　日光温室韭菜周年生产栽培技术规程 ………………… 111

    8　日光温室芹菜高产优质高效栽培技术规程 …………… 116

第3章　露地蔬菜生产标准化 …………………………… 121

    1　露地红辣椒栽培技术规程 ……………………………… 121

    2　大葱栽培技术规程 ……………………………………… 127

    3　露地结球甘蓝栽培技术规程 …………………………… 133

    4　露地花椰菜栽培技术规程 ……………………………… 137

    5　洋葱栽培技术规程 ……………………………………… 144

    6　秋大白菜栽培技术规程 ………………………………… 149

    7　胡萝卜栽培技术规程 …………………………………… 155

    8　露地黄秋葵生产技术规程 ……………………………… 159

    9　菜心生产技术规程 ……………………………………… 166

第4章　蔬菜安全生产基本常识 ………………………… 173

    1　绿色和有机食品的概念及质量标准 …………………… 173

    2　生产绿色食品的肥料使用准则（NY/T 394—2013）…… 178

    3　生产绿色食品的农药使用准则（NY/T 393—2020）…… 182

第5章　蔬菜绿色高质高效技术协同应用案例 ………… 190

    1　日光温室番茄"4+秸秆综合利用"技术协同模式 … 190

    2　日光温室黄瓜"4+辣根素土壤消毒"技术协同模式 … 195

附录 ………………………………………………………… 201

    1　设施蔬菜主栽品种调查表 ……………………………… 201

    2　露地蔬菜主栽品种调查表 ……………………………… 205

    3　蔬菜适宜的土壤酸碱度 ………………………………… 210

4 蔬菜种子的分级、大小及重量 …………………… 211
5 蔬菜种子寿命和使用年限参考值 ………………… 212
6 蔬菜秧苗易发生病害的温湿度条件 ……………… 213
7 蔬菜秧苗（成株）能忍耐的低温及适宜范围 …… 214
8 主要化肥快速识别法 ……………………………… 215
9 手测法估计细质地土壤相对含水量 ……………… 216
10 常用农药通用名与商品名对照表 ………………… 216

参考文献 ……………………………………………… 220

第 1 章 蔬菜绿色高质高效单项实用技术

1 日光温室环境调控实用技术

日光温室环境调控实用技术主要包括光照调控、温度调控、空气湿度调控、气体调控四个部分。

1.1 光照调控技术

根据季节以及作物栽培对光需求不同,分为增加自然光照强度、减弱自然光照强度和人工补光增加光照时间三个方面。

1.1.1 增加自然光照强度的措施

1.1.1.1 保持透明覆盖物良好的透光性

(1) 选用新的优质无滴膜 一般新棚膜的透光率可达90%以上,使用一年后的旧薄膜,视棚膜的种类不同,透光率一般下降到50%～60%,覆盖效果比较差。目前生产中农户多选用 EVA 或 PO 棚膜,透光率高,耐候性好,静电吸尘差。

(2) 保持覆盖物表面清洁 定期清除覆盖物表面上的灰尘、积雪等,保持膜面光亮。菜农用刀条布自动清洁(图1-1),省工、省力,效果也很好,值得大力推广。

(3) 保持膜面平紧 棚膜变松、起皱时,反射光量增大,透光率降低,应及时拉平、拉紧,有利于增强流滴性。

1.1.1.2 利用反射光

在地面上铺盖反光地膜;在设施的内墙面张挂反光薄膜,可使北部光

图 1-1　刀条布自动清洁

照增加 50% 左右；将温室的内墙面及立柱表面涂成白色。

1.1.1.3　减少保温覆盖物遮阳

在保证温度需求的前提下，上午尽量早卷草苫，下午晚放草苫。白天设施内的保温幕和小拱棚等保温覆盖物也要及时撤掉。

1.1.1.4　农业措施

对高架作物实行宽窄行种植，并适当稀植；及时整枝抹杈，摘除老叶，用透明绳架吊拉植株茎蔓等。

1.1.2　减弱自然光照强度的措施

夏季的光照强度往往超过 100000lx，超过植物适宜的光照强度。如绿叶菜适宜的光照强度多为 20000～30000lx，番茄适宜的光照强度为 70000lx。减弱自然光照强度的主要措施是遮光。遮光的方法主要有覆盖遮阳网、覆盖草苫以及向棚膜表面喷涂遮阳降温喷涂剂、泥水、白灰水等，以遮阳网的综合效果为最好。

生产的遮阳网遮光率在 35%～75% 范围内，遮光降温效果显著。盛夏覆盖可使地表温度下降 4～6℃，最大可降低 12℃；地表下 5～10cm 地温降低 5～8℃；近地 30cm 处的气温可降低 1℃ 左右。

1.1.2.1　遮阳网的覆盖形式

遮阳网覆盖可分为浮面覆盖法、小环棚顶覆盖法、大棚覆盖法和一网一膜覆盖法四种。目前生产上主要采用一网一膜覆盖法。

1.1.2.2　遮阳网型号

目前国内生产的遮阳网从颜色上分主要有黑色、银灰色及两色相间等；从宽度上分有90cm、150cm、160cm、200cm、220cm、400cm等几种规格。其产品型号主要依据其遮光率的大小来划分，市面上产品的遮光率范围为25%~95%。

1.1.2.3 使用注意事项

（1）因地、因作物选用遮光率适宜的遮阳网。根据覆盖时期自然光照强度、作物光饱和点和覆盖栽培管理方法，选用适宜的遮阳网。蔬菜栽培多选用黑色遮阳网。

（2）晴天中午前后光照强、温度高时要及时覆盖；清晨、傍晚、连阴天、温度不高、光照不强时，要及时揭网。但芫荽、生菜因耐弱光，可以全生育期覆盖。久阴暴晴后，应覆盖遮阳网，使作物逐渐见光，防止作物出现萎蔫现象。但不可遮盖后一盖到底，如果不依天气情况揭盖，就可能出现作物徒长、失绿、染病、减产和品质下降等问题。

（3）采用遮阳网后，作物生长加快，要针对作物生长特点，加强肥水管理。

（4）遮阳网的剪口要用烙铁烫牢，以防脱落。连接和往棚架上固定时，须用尼龙绳或线结扎，防止用铁丝结扎造成损伤，影响遮阳网的使用寿命。

（5）遮阳网造价比较高，在不用的季节，应清洗之后晾干，放到仓库内保管。长期暴露在阳光和高温下，容易使遮阳网老化而缩短使用寿命。

1.1.3 人工补光增加光照时间的措施

连阴天以及冬季温室采光时间不足时，应进行人工补光。参照本章9"植物生长补光灯应用技术"。

1.2 温度调控技术

1.2.1 保温

保温主要是防止进入日光温室的热量散失到外部。保温措施主要从减少贯流放热、换气放热和地中热传导三方面考虑。具体有以下几种措施。

1.2.1.1 后墙培土

后墙厚度应大于当地最大冻土层厚度的2倍。

1.2.1.2 减少缝隙散热

设施密封要严实，薄膜破孔以及墙体的裂缝等要及时粘补和堵塞严实。通风口和门关闭要严，门的内、外两侧应张挂保温帘。

1.2.1.3 多层覆盖

多层覆盖材料主要有塑料薄膜、草苫、纸被、无纺布等，一般采用一层棉被，一层草苫覆盖为最佳。

（1）塑料薄膜　主要用于临时覆盖。覆盖形式主要有地面覆盖、小拱棚覆盖、保温幕覆盖以及将浮膜覆盖在棚膜或草苫上等。一般覆盖一层薄膜可提高温度2～3℃。

（2）草苫　覆盖草苫通常能提高温度5～6℃。不覆盖双层草苫的主要原因是便于草苫管理。草苫数量越多，管理越不方便，特别是不利于自动卷放草苫。

（3）棉被+草帘　保温效果优于双层草帘，棉被置于上层，草帘放于下层。目前生产上主要推广此方式。

（4）纸被　多用于临时保温覆盖或辅助覆盖，覆盖在棚膜上或草苫下。一般覆盖一层纸被能提高温度3～5℃。

（5）无纺布　主要用于保温幕或直接覆盖在棚膜上或草苫下。

1.2.1.4 挖防寒沟

在温室前沿外挖一条深相当于当地最大冻土厚度、宽40～50cm、长与棚长相同或略长于棚长的沟，整平沟底后垫铺一层旧塑料薄膜，以防止地下水分上返，然后填入45cm厚经压实的麦糠、杂草等保温材料，上面盖一层不漏水的旧塑料薄膜，并用土盖住。

1.2.2 蓄热

蓄热保温也是冬季日光温室经常采用的措施。

1.2.2.1 利用水蓄热

（1）将水灌入塑料袋中，然后放在作物垄上，白天太阳照射到水袋上蓄热，夜间低温时水袋释放热量增温，这种水袋被称为水枕。

（2）在日光温室后墙安装塑料薄膜制成的水管或双层PC板，充水后白天蓄热，夜间放热。

（3）使水和室内空气同时通过热交换机，白天将高温空气中的热能传给水，并进入保温性能好的蓄热水槽蓄积起来，晚间温水将热能传给空气，用于补充空气热能。

1.2.2.2 应用秸秆反应堆技术

覆盖透光率较高的无滴地膜，有效提高地温，达到蓄热的目的。

1.2.2.3 合理浇水

低温期应于晴天上午浇水，不在阴雪天及下午浇水。一般当地表下10cm 地温低于10℃时不得浇水，低于15℃要慎重浇水，只有20℃以上时浇水才安全。另外，低温期要尽量浇预热的温水或温度较高的地下水，不浇冷凉水；要浇小水，浇暗水，不浇大水和明水。

1.2.3 增温

1.2.3.1 增加光照，提高棚温

棚室北侧的墙上悬挂反光幕，可以增加透光量，也可以提高设施内温度 2~3℃。日出后及时揭帘，以光补热。经常打扫、擦洗棚膜。

1.2.3.2 熏烟

在寒流到来之前，在设施周围点火熏烟，可以减少棚内热量损失。

1.2.3.3 人工加温

在遇到特别寒冷的天气或生育期温度骤降时，可利用火炉、热风炉、电热加温器等增温。主要方法有：

（1）火炉加温　用炉筒或烟道散热，将烟排出设施外。该法多见于简易温室及小型加温温室。

（2）热风炉加温　用带孔的送风管道将热风送入设施内，加温快，也比较均匀，主要用于连栋温室或连栋塑料大棚中。

（3）明火加温　在设施内直接点燃干木材、树枝等易于燃烧且生烟少的燃料，进行加温。加温成本低，升温也比较快，但容易发生烟害。该法对燃烧材料以及燃烧时间要求比较严格，主要作为临时应急加温措施，用于日光温室以及普通大棚中，但在生产中要慎重使用，避免产生烟害。

（4）火盆加温　用火盆盛烧透了的木炭、煤炭等，将火盆均匀排入设施内或来回移动火盆进行加温。方法简单，容易操作，并且生烟少，不易发生烟害，但加温能力有限，主要用于育苗床以及小型温室或大棚的临时

性加温。

(5) 电加温 主要使用电炉、电暖器以及电热线等，利用电能对设施进行加温，具有加温快、无污染且温度易于控制等优点，但也存在着加温成本高、受电源限制较大以及漏电等一系列问题，主要用于小型设施的临时性加温。

1.2.4 降温

1.2.4.1 通风散热

通过开启通风口及门等，散发出热空气，同时让外部的冷空气进入设施内，使温度下降。具体通风时应注意以下几点：

(1) 要严格掌握好通风口的开放顺序 低温期只能开启上部通风口或顶部通风口，严禁开启下部通风口或地窗，避免冷风伤害蔬菜的根茎部。随着温度的升高，当只开上部通风口不能满足降温要求时，再打开中部通风口协助通风。下部通风口只有当外界温度升高到15℃以上时方可开启通风。

(2) 要根据设施内的温度变化来调节通风口的大小 低温期，一般当设施内中部的温度升到30℃以上时开始放风，高温期温度升到25℃以上就要放风。放风初期的通风口应小，不要突然开放太大，导致放风前后设施内的温度变化幅度过大，引起植株萎蔫。适宜的通风口大小是放风前后，设施内的温度下降幅度不超过5℃。之后，随着温度的不断上升，逐步加大通风口，最高温度一般要求不超过32℃。下午当温度下降到25℃以下时开始关闭通风口，当温度下降到20℃左右时，将通风口全部关闭严实。

1.2.4.2 减少太阳能辐射

主要用于夏季栽培。方法参照本节1.1.2"减弱自然光照强度的措施"。

1.2.4.3 采取人工降温措施

(1) 蒸发冷却法 目前日光温室降温采用的蒸发冷却法主要是细雾降温法，这种方法主要是通过水分蒸发吸热而使气体降温。细雾降温法的喷雾设备由1.5kW/220V电机和压力泵、50个喷头及100m软管组成。电机和压力泵安装在日光温室中央骨架上，100m软管沿日光温室东西方向挂在温室骨架上，50个喷头均匀安装在软管上。采用$10\sim100kg/cm^2$喷雾压强，雾滴粒径$10\sim100\mu m$，每个喷头喷雾量为120mL/min，50个喷头每分钟可喷水6L。可采用间歇式或连续式喷雾。这种方法易提高室内空气相对湿度。

（2）冷水降温法　冷水降温法是采用20℃以下的地下水或其他冷水通过散热系统降低室内温度。这种方法投资大，但空气相对湿度增加较小。

（3）作物喷雾降温法　作物喷雾降温法是直接向作物喷雾，通过作物表面水滴蒸发吸热而降低温度，这种方法会显著增加室内相对湿度，通常仅在扦插、嫁接和高温干燥季节采用。

（4）湿帘风机降温法　湿帘风机降温法主要采用负压纵向通风方式，一般将湿帘布置在日光温室一端的山墙，风机则集中布置在与湿帘相对的山墙上。如果日光温室两山墙距离在$30\sim70m$，此时风机与湿帘的距离为采用负压纵向通风方式的最佳距离，可选用纵向通风；若日光温室一端山墙建有缓冲间或工作间，湿帘应安装在邻近的侧墙上，如两山墙距离小于70m，也可用纵向通风；若日光温室两山墙距离过长，为了减少阻力损失，可考虑横向通风方式。湿帘、风机降温要注意将湿帘布置在上风口的温室山墙一侧，风机布置在下风口的温室山墙一侧；湿帘进气口要有足够的进气空间，且要分布均匀；应保证空气的过流风速在2.3m/s以上。

湿帘风机降温系统主要包括湿帘箱体、供水系统、风机系统。湿帘一般由厂家制成箱体，通常有铝合金箱体和热镀锌板箱体两种。湿帘箱体的安装有内嵌式和外挂式两种安装方式。外挂式安装的顺序是：在墙体上安装框架、外挂挂钩或支撑部件→安装框架→安装湿帘。内嵌式安装的顺序是：在日光温室山墙设定部位嵌入湿帘框架→安装湿帘。供水系统包括管路、水池、水泵、过滤装置、控制系统。按照设计要求依次安装回水槽、湿帘顶部的喷水管、供水系统管路等，然后进行水压的调整和系统的调试。湿帘风机一般是镶嵌在日光温室的山墙内。

湿帘风机降温法日常要注意管理与维护：①注意日光温室的整体密闭性，特别是要注意检查湿帘与湿帘箱体、湿帘箱体与山墙、风机与山墙的密闭性，以免室外热空气渗入，影响系统降温效果。②经常检查供水系统，确保其正常安全运行。尤其是要保持水质清洁，不能使用含藻类和微生物含量过高的水源；水的酸碱性要适中；电导率要小；要经常清洗过滤器，水池要加盖并定期清洗。③要注意保持湿帘水流细小且分布均匀，不存在干带现象。④停止运行时应先停止供水，保持风机运行至湿帘彻底晾干。

1.3　空气湿度调控技术

空气湿度有两种表示方法，一种叫绝对湿度，表示每立方米空气中所含水蒸气的质量(g)，另一种叫相对湿度，表示空气中的实际含水量与同温度下最大含水量的百分比，通常所说的空气湿度一般指空气的相对湿度。设施内湿度的主要特点是空气湿度大、土壤湿度容易偏高。降低日光温室空气相对湿度的措施有以下几种。

(1) 通风排湿　设施的通风排湿最佳时间是中午，此时设施内外的空气湿度差异最大，湿气容易排出。其他时间也要在保证温度要求的前提下，尽量延长通风时间。温室排湿时，要特别注意加强以下5个时期的排湿：浇水后的2~3d内、叶面追肥和喷药后的1~2d内、阴雨(雪)天、日落前后的数小时内(相对湿度大，降湿效果明显)和早春(温室蔬菜的发病高峰期，应加强排湿)。通风排湿时要求均匀排湿，避免出现通风死角。一般高温期间温室的通风量较大，各部位间的通风排湿效果差异较小，而低温期间则由于通风不足，容易出现通风死角。

(2) 减少地面水蒸发　覆盖地膜，在地膜下起垄或开沟浇水。浇水后几天内，应升高温度，保持32~35℃的高温，加快地面的水分蒸发，降低地表湿度。对于不适合覆盖地膜的设施以及育苗床，在浇水后应向畦面撒干土压湿。

(3) 合理使用农药和叶面肥　低温期，设施内尽量采用烟雾法或粉尘法施用农药，不用或少用叶面喷雾法；叶面追肥以及喷洒农药应选在晴暖天的上午10点后、下午3点前进行，保证在日落前留有一定的时间进行通风排湿。

(4) 排除薄膜表面流水　常用方法是在温室的前柱南面拉一道高30~40cm的薄膜，薄膜的下边向上折起压到南边的薄膜上，两道膜构成一排水槽，水槽西高东低，便于流水。水槽的东口与塑料管相连接，用水管把水引到温室外。

(5) 减少薄膜表面的聚水量　选用无滴膜，若选用普通薄膜，应定期做消雾处理；保持薄膜表面排水流畅，薄膜松弛或起皱时应及时拉紧、拉平。

（6）升温降湿　个别果菜类植株当长到具有抵抗力时，浇水闭棚升温达到30℃左右时持续1h，再通风排湿，3～4h后棚温25℃时可重复一次。此方法既可满足植株对温度的需要，又可降低空气的湿度。

1.4　气体调控技术

设施内的气体通常分为对作物有益气体和有害气体两种。

1.4.1　有益气体

有益气体主要是二氧化碳。二氧化碳是绿色植物制造碳水化合物的重要原料之一。据测定，蔬菜生长发育所需要的二氧化碳气体最低浓度为80～100mL/m³，最高浓度为1600～2000mL/m³，适宜浓度为800～1200mL/m³。在适宜的浓度范围内，浓度越高，高浓度持续的时间越长，越有利于蔬菜的生长和发育。

1.4.1.1　二氧化碳气体浓度日变化

二氧化碳气体浓度在上午揭开草苫前达到最高值，浓度值可达1000mL/m³以上，揭开草苫，由于蔬菜的光合作用消耗，二氧化碳气体浓度迅速下降，2h后开始低于温室外的二氧化碳气体浓度，到温室通风前，温室内二氧化碳气体浓度降低到一日中的最低值。通风开始后，温室外的二氧化碳气体进入温室内，温室内的二氧化碳浓度开始回升，但由于温室的通风量比较小，补充进的二氧化碳气体数量也有限，直到下午覆盖草苫前，温室内二氧化碳气体浓度始终低于温室外。覆盖草苫后，蔬菜的光合作用停止，温室内的二氧化碳气体浓度开始迅速回升，从覆盖到24时前，由于温室内的温度比较高、氧气的浓度也比较高，蔬菜和土壤微生物的活动比较旺盛，呼吸作用强盛，放出的二氧化碳气体量也比较多，二氧化碳气体浓度上升较快。下半夜随着温室内温度以及氧气浓度的下降，蔬菜和土壤微生物的呼吸作用减弱，二氧化碳气体的释放随之减少，浓度增加比较缓慢。到第二天上午揭开草苫前，二氧化碳浓度升到一日中的最高值。

1.4.1.2　二氧化碳施肥方法

目前生产上二氧化碳施肥常用以下三种方法：

(1) 颗粒气肥坑埋法　颗粒气肥产品为二氧化碳增长剂，90%可湿性粉剂。使用时根据植株长势确定使用量，拌潮湿的细沙15kg后，均匀撒到潮湿的土壤上即可，一次性撒施，有效期可达10~15d。苗期每667m²每次施用一袋，生长期一次一袋，花期每次施三袋，盛果期每次施四袋。

(2) 化学反应法　化学反应法应用二氧化碳发生器或者简单的塑料容器，利用碳酸氢铵和稀硫酸反应产生二氧化碳的方法，此法简单易行。具体方法是在塑料桶中加入1kg水，然后将0.7kg浓硫酸沿桶壁慢慢倒入水中，边倒边搅拌，切勿喷到身上，每桶再加入1.05kg碳酸氢铵。

(3) 吊袋式二氧化碳气肥发生剂

① 吊袋式二氧化碳气肥产品形态为粉末状固体，由二氧化碳发生剂和二氧化碳促进剂组成，发生剂110g/袋，促进剂5g/袋。使用时将小袋促进剂倒入大袋发生剂内，并将二者充分搅拌均匀，在袋上扎几个孔，吊袋内产生的二氧化碳气体不断从气孔中释放出来，供植物吸收进行光合作用。

② 每袋二氧化碳发生剂适用面积为33m²，每667m²需均匀吊挂20袋，一般有效期30d左右，使用时将两种粉料充分混合，吊挂在植物上端50~60cm处。

③ 注意事项。叶菜品种一般在定植缓苗后使用，瓜果类品种在开花前使用，其他品种在定植苗2~3周后适时使用。每天于揭开草帘后30~50min开始，释放速度不宜过快。棚室如需放风，则应在进行完1h后进行。最佳使用时期为10月至翌年2月。

二氧化碳发生剂使用前，棚内需通风时最好使用上通风口通风，因为二氧化碳气体密度大，向下沉降，使用下通风口通风会使二氧化碳外漏，影响使用效果。

使用吊袋式发生剂30d后，二氧化碳气体全部释放完成，吊袋内会剩下少量黏土成分的物质，对环境不会造成任何污染。硫酸+碳酸氢铵反应释放二氧化碳的残液可用于叶面施肥，反应后剩余的残液可倒入塑料容器中积存，然后视量的多少加水搅拌，直至气泡产生，可用于叶面施肥，也可用于冲肥。

温室大棚内的湿度较大。发生剂使用期间吊袋内会有部分积水，属正常现象，不影响使用效果。

加强田间管理。增施二氧化碳后作物生长旺盛，应加强水肥管理，增加浇水次数,适当冲施肥料,加大昼夜温差,适当控制生长,防止植株早衰。

1.4.2 有害气体

1.4.2.1 主要有害气体及其危害

设施内的有害气体主要来自所施肥料(氨气和二氧化氮)、燃料(二氧化硫、乙烯等)以及塑料制品(磷酸二甲酸二异丁酯、正丁酯等)等,主要有害气体及其危害特征见表1-1。

表1-1 主要有害气体及危害特征

有害气体	主要来源	产生危害的浓度/(mL/m^3)	危害特征
氨气	所施肥料	5.0	由下向上,叶片先呈水浸状,后失绿变褐色干枯,危害轻时一般仅叶缘干枯
二氧化氮	所施肥料	2.0	中部叶片受害最重。先是叶片气孔部分变白,后除叶脉外,整个叶面变白干枯
二氧化硫	燃料	3.0	中部叶片受害最重。轻时叶片背面气孔部分失绿变白,严重时叶片正反面均变白干枯
乙烯	燃料	1.0	植株矮化,茎节粗短,叶片下垂、皱缩、失绿转黄脱落,落花脱果,果实畸形等
磷酸二甲酸二异丁酯	塑料制品	0.1	叶片边缘及叶脉间叶肉部分变黄,后变白枯死

1.4.2.2 预防措施

(1)合理施肥 有机肥要充分腐熟后施肥,并且要深施肥;不用或少用挥发性强的氮素化肥;深施基肥,不要地面追肥;施肥后要及时浇水等。

(2)覆盖地膜 用地膜覆盖垄沟或施肥沟,阻止土壤中的有害气体挥发。

(3)正确选用和保管塑料薄膜与塑料制品 应选用无毒的农用塑料薄膜和塑料制品,不在设施内堆放塑料薄膜或制品。

(4)正确选择燃料、防止烟害 应选用含硫低的燃料加温,并且加温时,炉膛和排烟道要密封严实,严禁漏烟。有风天加温时,还要预防倒烟。

(5)勤通风 特别是当发觉设施内有特殊气味时,要立即通风换气。

2 秸秆生物反应堆应用技术

2.1 技术概述

在设施农业或露地园艺作物生产中,通过耕层土壤下预埋秸秆,利用微生物分解秸秆过程中释放出作物生长所需的热量、二氧化碳、无机或有机养分的生态农业新技术。

2.2 技术优点

该技术具有"四个三":三个提高(提高温度、提高二氧化碳浓度、提高抗病性)、三个节约(节水、节肥、节药)、三个改善(改善农产品品质、改善土壤、改善环境)、三个增加(增加产量、增加产值和增加效益)。在三个棚室上推广应用秸秆生物反应堆技术的效益相当于新建一亩(1亩≈$667m^2$)棚室。

2.3 秸秆生物反应堆应用形式

2.3.1 行下(行间)内置式

(1) 行下内置式 是指在定植或播种前将秸秆和发酵催腐菌剂埋入栽培垄或畦下的反应沟中。

(2) 行间内置式 是指将秸秆和发酵催腐菌剂埋入两个栽培畦或垄中间反应沟中。

2.3.2 垄(行)间铺垫式

将秸秆裸露铺于垄或畦间。

2.3.3 秸秆粉碎全层翻埋式

将秸秆、农家肥、三元复合肥、发酵催腐菌剂依次均匀撒施在棚室地上,然后旋耕作垄(畦)。

2.4 技术要点(行下内置式)

2.4.1 挖槽沟方法

温室挖沟深度25～30cm,大棚挖沟深度15～20cm。挖沟宽度是整个畦宽的35%～45%,一般窄畦20cm,如草莓、番茄、茄子、辣椒和黄瓜等沟槽宽度为50cm。槽沟宽度要比畦上的定植行距小10cm左右(图1-2、图1-3)。一般不得使蔬菜根系全部定植在秸秆上。

图1-2 机械开槽

图1-3 开槽宽度

2.4.2 秸秆与施用量

主要选用玉米秸秆,也可选用稻草、稻壳、酒糟、玉米芯及废弃食用菌菌棒。温室每亩用量2000～4000kg(2～4亩的秸秆量)。大棚秸秆用量是温室的一半。

2.4.3 秸秆铺施方法

玉米秸秆要拆开捆,不能整捆用。秸秆铺满沟槽(图1-4),每畦30～50kg,即每沟内铺用6～10捆玉米秸秆。要铺实、踩实。秸秆铺施厚度同沟深,畦沟两头的秸秆露出(图1-5)。

2.4.4 秸秆上施农家肥

亩用农家肥4000～5000kg,每畦50～60kg。将化肥混到农家肥中,或在作畦覆土中间层撒施。当土壤已经施完农家肥时,可亩施秸秆

1000kg，即每畦 12.5kg 左右。

图 1-4　铺设秸秆

图 1-5　畦沟两头的秸秆露出

2.4.5　菌种的选择

可以应用含有秸秆发酵的多种菌种产品。一是液体的，如哈尔滨原野生物技术发展有限公司生产的卢博士有机液肥；二是固体的，如辽宁宏阳生物有限公司生产的秸秆生物降解菌等；三是人畜粪尿的农家肥。

2.4.6　菌肥施用方法

（1）液体菌种　用喷水壶将 100mL 卢博士液体菌肥兑入 10kg 水中，用喷壶喷在 5～7 畦的秸秆和农家肥上，即液体菌肥的亩用量 1～1.5kg。

（2）固体菌种　亩用量 6～8kg，即每畦用 75～100g。使用 5～24h 后，将菌种均匀撒在秸秆和农家肥上（图 1-6）。

图 1-6　撒施菌肥

（3）人畜粪尿的农家肥　在没有上述菌种的时候，可以用自然菌种，即用人畜粪尿代替，腐烂秸秆的效果也相当好。

2.4.7 回填土作畦

可先撒填少量土用锹拍打，随后回填土，还要用铁锹不断拍打秸秆和床面，让土和肥进入秸秆空隙当中，防止土大量下沉和秸秆分解过快，产生二氧化碳速度过快。覆土厚度20～25cm，使畦高25～30cm，推广高畦栽培。畦面要适当拍打，畦面不平要进一步调平。

2.4.8 启动浇水

当地温需要提升，即让秸秆反应堆发挥作用时，要向槽中秸秆浇大水，浇透秸秆，水面高度达畦高的2/3。温室冬春茬生产一般于8月下旬至9月上中旬开始做秸秆反应堆，先照常定植，10月底向槽沟中再灌大水。温室早春茬、大棚早春茬，做秸秆反应堆时，在撒完菌种覆土前就浇水。棚室冬春茬做过秸秆反应堆的，秋茬不用再做，以前的效果会持续整个秋茬(图1-7)。

图1-7 启动浇水

2.4.9 防虫

对秸秆中藏有越冬害虫的，覆土层地面喷杀虫剂，防治地下害虫和玉米螟。每667m^{2}用40%辛硫磷(黄瓜、菜豆不宜)1000倍液(药100g，兑水100kg)喷撒畦面，或用2.5%高效氯氟氰菊酯20～40mL兑水40kg喷畦面。

2.4.10 铺滴灌带与覆盖地膜

最好采用滴灌,如不能采用滴灌要在畦中间挖一条沟,在膜下灌水。要采用畦覆盖,不要采用垄上对缝条型覆盖,以防止底叶受到气害;黑白地膜使用季节要得当,低温严冬覆盖白色透明膜,不使用黑色地膜覆盖。不要采用漂浮膜覆盖,防止水滴造成畦间积水或高湿度。

2.4.11 定植方法

做完秸秆反应堆7d后即可定植,尽量抢早。操作行尽量要大,总密度比常规降低10%。注意慎用小拱棚,防止气体浓度过高产生危害,必须使用小拱棚,一定加强通风。

2.4.12 打孔

定植后畦面植株外侧要打孔通风。浇水后4~5d要及时打孔,在每行的两株之间外侧用直径14号铜钎子打孔,深度以穿透秸秆层为准。浇水2~3次后要补打孔。打孔位置可与上次错开。沙土地打孔间隔时间要大幅增加。

3 日光温室"土改基质"改良技术

3.1 技术概况

日光温室"土改基质"改良技术是在秸秆生物反应堆的基础上产生的技术革新,是将目前农村比较普遍的农业资源、废弃物和玉米秸秆还田土壤,以提高土壤有机质,改良土壤结构,提高作物生长期间所需的地温、二氧化碳等的技术操作。该项技术在日光温室一年一大茬椒类生产上最早使用,并逐渐被摸索成熟。以施入腐熟的羊粪为例,每年亩施入$20m^3$,相当于每平方米耕作层中有3cm厚的农家肥,如果连续应用4年,25cm厚的耕作层中就有12cm是腐熟的农家肥,农家肥占耕作层50%以上。农民形象称之为"半基质"栽培。

3.2 应用情况

此法简便易行、成本低,并能解决作物连作障碍问题,适宜普遍推广应用。目前在椒类栽培上应用较广泛并逐步推广到日光温室一年一大茬茄子、黄瓜等作物栽培上。

3.3 技术路线(以玉米秸秆为例)

用秸秆粉碎机粉碎干玉米秸秆,粉碎后的玉米秸秆长度最好在3~4cm;每667m^2地需粉碎秸秆1000kg,腐熟优质农家肥15~20m^3(最好是牛粪或者羊粪),与农家肥一起深翻入土壤,一般做单垄栽培,1.2m宽,起15~20cm高垄,铺上微喷灌管带,在定植前10d需要浇大水沉畦(图1-8、图1-9)。

图1-8 粉碎秸秆

图1-9 铺撒秸秆

3.4 效益分析

3.4.1 经济效益分析

通过此项技术应用,可提高产量15%~20%,每栋日光温室可增产2000kg左右(以80m棚为计算单位),增收6000元左右,达到增产增收的目的。

3.4.2 生态、社会效益分析

日光温室"土改基质"改良技术是一项减少秸秆燃烧污染、促进秸秆循环利用的好技术。玉米秸秆粉碎埋入栽培畦下，通过自然降解发酵，从而达到改良土壤、增加有机质、提高地温、补充二氧化碳、增强作物抗逆性的效果，减少了化肥和农药的使用，增强了蔬菜商品性，极大地提高了农户从事设施农业生产的积极性。

4 蔬菜配方施肥技术

配方施肥技术就是根据作物需肥规律、土壤供肥性能和肥料效应，在施用有机肥的基础上，提出氮、磷、钾及中微量元素等肥料的施用数量、养分比例、施肥时期和施肥方法，促进农业高产、优质和高效的一种科学施肥方法。

配方施肥的基本内容包括"配方"和"施肥"，"配方"就是对症处方，其核心是解决作物需肥与土壤供肥之间的矛盾，并在产前定肥定量；"施肥"是在生产中执行和实施配方计划，包括所施肥料的品种和数量，基肥、种肥、追肥的比例，追肥的次数、时期以及科学的施肥方式。

4.1 配方施肥的一般原则

蔬菜配方施肥的原则是应根据蔬菜实现目标产量所需的养分吸收量以及蔬菜地土壤养分供应状况来确定施肥量，依据蔬菜的需肥特点确定施肥期和施肥比例。蔬菜苗期需要养分不多，在旺盛生长和产品形成期需要养分较多。有机肥和磷肥一般在蔬菜播种和定植时作基肥施用，速效氮、钾肥可在蔬菜生育中期作追肥施用。追肥的次数可根据蔬菜生育期长短来确定，生育期短的蔬菜可在生长中期追肥1~2次，生育期长的蔬菜可在养分需求量较多的时期至少追3次。

4.2 配方施肥量的估算方法

蔬菜各营养元素施肥量的计算公式是：计划施肥量（kg）=需要通过施肥补充的养分质量（kg）/[该肥料的某种养分含量（%）×该肥料利用率（%）]，其中需要通过施肥补充的养分的质量为实现作物目标产量所需养分总量与土壤供肥量的差值。知道了需要通过施肥补充的养分质量，就可以按照实际情况，确定基肥与追肥比例、肥料种类与质量（养分含量）、肥料利用率等，计算出基肥与追肥的计划施肥量。

估算实例：某农户黄瓜高产栽培计划产量指标为每 $667m^2$ 产 5000kg，该地块土壤供肥能力，即无氮对照区黄瓜产量为每 $667m^2$ 产 1000kg。现有化肥品种为尿素，有机肥为猪圈肥。试估算实现黄瓜每 $667m^2$ 产 5000kg 的指标，每 $667m^2$ 需施用多少有机肥料和化学肥料？

估算步骤：查参考资料得知，实现黄瓜每 $667m^2$ 产 5000kg 的丰产计划指标需氮量约为 5000÷1000×2.73＝13.65（kg）。已知土壤供肥能力为 1000÷1000×2.73＝2.73（kg）。因此，每 $667m^2$ 尚需补充纯氮量为 13.65－2.73＝10.92（kg）。

假设以需要补充氮素量的 2/3 作基肥，即基肥中含氮量为 10.92×2÷3＝7.28（kg），按优质猪圈肥含氮量为 0.56%，猪圈肥中氮素利用率为 25% 计算，则每 $667m^2$ 需施优质猪圈肥的质量为：7.28÷（0.56%×25%）＝5200（kg）。

另外，以需要补充氮素量的 1/3 作追肥，则需通过化肥补充的氮素量为 13.65×1÷3＝4.55（kg）。按尿素含氮量为 46%，其利用率为 60% 计算，则每 $667m^2$ 施尿素为：4.55÷（46%×60%）≈16.49kg。

磷、钾肥料施用量也可按上述方法计算。由此看出，在 $667m^2$ 产 1000kg 黄瓜的地力基础上，欲争取实现黄瓜 $667m^2$ 产 5000kg，需施优质猪圈粪 5200kg，尿素 16.49kg。

主要的几种设施蔬菜形成 1000kg 商品菜所需养分质量见表 1-2，主要的几种有机肥、化肥的养分含量及肥料利用率见表 1-3 至表 1-5。

表 1-2 主要的几种设施蔬菜形成 1000kg 商品菜所需要的养分质量

单位：kg

种类	蔬菜名称	氮(N)	磷(P_2O_5)	钾(K_2O)
结球叶菜类	花椰菜	1.87	2.09	4.91
绿叶菜类	芹菜	2.00	0.93	3.88
茄果类	番茄	3.54	0.95	3.89
	茄子	3.24	0.94	4.49
	辣椒	5.19	1.07	6.46
瓜类	黄瓜	2.73	1.30	3.47
	西葫芦	5.47	2.22	4.09
豆类	豇豆	4.05（12.16）	2.53	8.75
	菜豆	3.36（10.09）	2.26	5.93

注：豆类形成 1000kg 商品菜所需氮量是按 1/3 的氮素量来自土壤计算的，括号内为全氮素量。

表1-3 主要有机肥的养分含量　　　　　　　　　　　　　　　　　%

有机肥	有机质	氮(N)	磷(P_2O_5)	钾(K_2O)	钙(CaO)
人粪	20	1	0.5	0.37	—
人尿	3	0.5	0.1	0.19	—
鸡粪	25.5	1.63	1.54	0.85	—
羊粪	28	0.65	0.5	0.25	0.46
猪粪	15	0.56	0.4	0.44	0.09
牛粪	14.5	0.32	0.25	0.15	0.34
马粪	20	0.55	0.3	0.24	0.15
鸭粪	23.4	0.55	0.5	0.95	
棉籽饼	—	3.44	1.63	0.97	
菜籽饼	79	4.6	2.48	1.4	
大豆饼	75	7	1.32	2.13	
一般堆肥	15~25	0.4~0.5	0.26~0.45	0.45~0.7	
中位草炭	69.03	1.68	0.31	0.23	

表1-4 主要化肥的养分含量　　　　　　　　　　　　　　　　　%

化肥	氮(N)	磷(P_2O_5)	钾(K_2O)	钙(CaO)	镁(MgO)
尿素	46				
碳酸氢铵	17				
硝酸铵	34	—	—	—	—
过磷酸钙	—	12~20	—	—	—
钙镁磷肥	—	12~20	—	25~30	15~18
氯化钾	—	—	50~60	—	—
硫酸钾	—	—	50	—	—
磷酸氢二铵	16~18	46~48	—	—	—
磷酸二氢钾	—	52	34.5	—	—
氮磷钾肥	10~12	20~30	10~15	—	—
硝酸钾肥	10	10	10	—	—
硝酸磷肥	20~26	13~20	—	—	—

表1-5 肥料当年利用率　　　　　　　　　　　　　　　　　　　%

肥料	利用率	肥料	利用率
一般圈粪	20~30	尿素	60
土圈粪	20	过磷酸钙	25
堆肥	25~30	钙镁磷肥	25
人粪尿	40~60	磷矿粉	10
硫酸铵	70	硫酸钾	50
硝酸铵	65	氯化钾	50
氯化铵	60	草木灰	30~40
碳酸氢铵	55		

注：引自王荫槐，《土壤肥料学》。

4.3 施肥方法

4.3.1 有机肥施肥方法

粗肥的主要作用是在为蔬菜提供营养的同时，改良土壤。粗肥的施肥量比较大，要全面施肥，并且要适当深施肥，一般施肥深度应不少于20cm。细肥的有效营养成分含量比较高，容易流失，同时细肥的施肥量比较少，为提高肥效，减少流失，提高利用率，要求集中施肥。一般于定植前或播种前，进行穴施或沟施肥，施肥集中在蔬菜的播种区或定植区内，施肥深度10cm左右，与土混拌均匀。

4.3.2 化肥施肥方法

化肥中的磷肥在土壤中的移动性比较差，容易被土壤固定，应集中施用，并且要与有机肥一起施用，以提高肥效和利用率。钾肥的主要利用期是在蔬菜的生长中后期，应当深施，并且也最好与有机肥一起施用。硫酸钾、氯化钾等钾肥的水溶性比较强，集中施肥时容易发生肥害，施肥量大时应结合翻地全面施肥，施肥量少时可进行沟施或穴施，但应深施肥，并且施肥后要与土充分拌匀。氮肥中的碳酸氢铵容易挥发，设施内应作基肥深施，一般和有机肥一起施用，施肥深度不少于20cm。尿素、硝酸铵等氮肥的水溶性强，容易发生肥害，并且也容易随水流失，一般不宜作基肥，必须作基肥时，施肥量也应当少一些。多元复合肥作基肥的效果最佳。复合肥中的磷和钾含量较高，应当与有机肥一起混合施用，另外复合肥的用量一般比较少，为充分发挥肥效，还应集中施用，进行沟施或穴施。微量元素的施肥量虽然比较少，但施肥后对蔬菜的影响却比较大，施肥不当，局部浓度过高时，容易对蔬菜造成危害，另外，微量元素也极易被土壤固定。因此，微量元素要求全面施肥，并且要与有机肥一起混合施肥，减少土壤固定量。

4.3.3 设施栽培施肥注意事项

设施栽培是一个相对封闭的环境，过量施肥容易引起土壤中盐类的积聚，使土壤盐碱化和产生有害气体。因此，在肥料施用上应注意做好以下几点。

（1）施肥观念要正确。良好的施肥方式应该做到：不断提高土壤肥力；改善土壤理化性质；满足作物对各种养分的需求；降低成本，提高产量、品质与经济效益；应通过与加强技术管理相结合来实现产量的提高，而不能只求通过多施肥来提高产量。

（2）增施有机肥，每 $667m^2$ 应施优质有机肥不少于 $10m^3$，多施一些热性肥料，如骡粪、马粪、羊粪等。有机肥必须是腐熟发酵好的，未经腐熟的一律不准进棚。腐熟方法：每立方米粪加玉米面 1kg，红糖 0.5kg，煮熟的麦麸水 2.5kg，尿素 0.5kg，辛硫磷或敌百虫 1000 倍液充分混匀，水分要半干半湿，恒温 10d 以上完成发酵。

（3）选用适宜的化肥种类，宜选用磷酸氢二铵、磷酸铵、过磷酸钙、三元复合肥（N∶P∶K=15∶15∶15）、尿素、磷酸二氢钾等。

（4）磷肥要作底肥施用，不可作冲施肥施用。因为磷的移动比较缓慢，作底肥施用可以有充分的时间在土壤中活动，以利于作物吸收利用。如作冲施肥不易被作物吸收利用。

（5）推广应用能降低蔬菜作物体内硝酸盐含量的微生物肥料。如用酵素菌沤制的有机肥，既能保证蔬菜的优质高产，又能使蔬菜产品中硝酸盐含量不超标，可减少氮素化肥用量 20% 左右。

（6）低温期要施用腐植酸、酵素菌类的生物肥料，能促进根系的发展。

（7）钾肥多用于冲施。应选用硫酸钾、硝酸钾。氯化钾不能用作冲施肥，使用过多可使作物发生氯中毒。

（8）要加大叶面肥的使用，每 7~10d 要给作物补充叶面肥，可自己调用，一般使用稀氮液，也可根据作物长势加进微量元素。

（9）不要施新鲜的人粪尿，人粪尿必须经过 8~10d 发酵腐熟后才可施用。

（10）氮肥要深施，施用深度应在 10~14cm 以下，并在施后立即覆土，避免氮肥的挥发，同时氮肥深施可减少硫酸盐的积累，提高氮肥利用率。

（11）施用化肥要适量，温室蔬菜一次施肥过多，不仅造成浪费，而且还会使土壤盐分过高，养分倒流，危害蔬菜。所以要本着"少食多餐"的原则，随水带肥，不走空水，每次每 $667m^2$ 肥料用量在 5~7.5kg 即可。

5 设施蔬菜栽培叶面施肥技术

蔬菜叶面施肥，就是用富含速效养分的肥料，掺水稀释至一定的浓度，喷洒在蔬菜的茎、叶、果实上。实践证明，蔬菜叶面施肥，能迅速补充作物所需的营养元素，克服作物因缺乏营养元素而引起的缺素症（特别是微量元素，作物吸收利用少，在土壤中施用易被固定或分解）。但叶面追肥只能作为土壤施肥的补充，不能替代土壤施肥。叶面追肥一般每 $667m^2$ 花费 $1\sim2$ 元肥料成本，可增收上百元，增产增收效果显著。

5.1 叶面施肥常用的肥料种类及常用浓度

叶面施肥常用肥料种类及浓度见表 1-6。

表 1-6 叶面施肥常用肥料种类及浓度

肥料名称	常用浓度/%	肥料名称	常用浓度/%
尿素	0.2～0.5	氯化钙	0.3～0.5
磷酸二氢钾	0.2	硫酸锰	0.1～0.2
硫酸镁	1.0～2.0	硫酸锌	0.2
硫酸铁、氯化铁	0.1～0.2	钼酸铵、钼酸钠	0.01～0.03
硼酸钠	0.5～1.0	硫酸铜	0.02～0.05

5.2 叶面施肥的一般原则

叶面施肥技术作为设施蔬菜栽培的一项辅助措施，在具体施肥技术、时间、营养液种类和浓度等许多方面有一定的要求，具体如下。

5.2.1 要根据蔬菜的类型进行叶面施肥

不同蔬菜对叶面施肥的要求是不相同的。一般果实类蔬菜对磷钾的需求量比较大，结果期叶面施磷钾肥效果比较好；叶菜类蔬菜对氮的需求比较大，叶面补施氮肥效果比较好。

5.2.2 根据蔬菜的缺肥情况进行施肥

叶面施肥对防治蔬菜缺肥症效果最为明显。因此，当蔬菜表现出缺肥症状时，应及时根据缺肥情况进行叶面施肥。蔬菜常见缺肥症状如下：

（1）缺氮症　蔬菜基部的叶片首先整叶变黄（与干旱引起的叶片变黄的主要区别是受旱时几乎是全株叶片同时变黄），或色变淡，并逐渐干枯死亡；新叶窄小、叶薄，生长缓慢，色淡绿；植株矮小，茎秆细弱，分枝少，侧芽容易枯死；落花落果严重，果实生长缓慢，色浅，果形变小，畸形果增多；植株长势弱、抗性差、易发病；生产时间短、产量低、品质差。

（2）缺钾症　植株的基部老叶尖端和边缘变黄，并逐渐干枯，焦干成褐色，但叶脉两边和中部仍保持绿色，缺钾严重时，植株的中上部大部分叶片也发生干尖和干边现象；茎秆细长，易倒伏，有时出现坏死斑；果实发育不良，容易长成畸形果，品质降低；植株长势弱，抗病能力差，容易早衰，产量低。

（3）缺磷症　植株生长缓慢，茎秆细弱，分枝少或不分枝；根系发育不良，生根少，根系不发达；叶片色深无光泽，叶柄变紫色，有些蔬菜的叶子甚至也变为红色或紫色，易落叶；果实味淡，着色不良，果肉软，成熟缓慢；苗期缺磷时易形成小老苗。

（4）缺钙症　植株生长缓慢，上部嫩叶色变黄、叶变形，初期钩状，后从叶尖和叶缘向内坏死；顶芽发育不良，严重时溃烂死亡；茎粗大，富含木质；根尖易溃烂坏死。

（5）缺镁症　多发生于蔬菜的生长中后期，主要表现为老叶的叶脉间失绿变黄，有时从叶缘开始黄化，严重时整叶只剩叶脉以及两侧为绿色，其他部分全部失绿变黄、坏死。

（6）缺硼症　心叶和花、果实上先表现出症状。前期表现为新抽出的枝条和顶梢停止生长，幼叶畸形、皱缩、叶脉间出现不规则的褪绿；下部老叶加厚，叶和茎变脆。缺硼严重时，生长点坏死，整个植株矮小；开花和结果明显受到抑制，落花落果或花而不实，结果少，果实肉部出现坏死斑点；根细长，根尖坏死。

（7）缺铁症　一般幼叶首先表现出症状，叶脉间失绿，呈清晰网纹状，严重时幼叶全部变为黄白色，而老叶仍为绿色。

（8）缺锰症　一般幼叶上首先表现出症状。幼叶的叶脉间出现失绿黄化或呈淡黄色，叶脉和叶脉附近仍保持绿色。缺锰严重时，叶脉间产生黑褐色小斑点，并逐渐增多扩大。

5.3 叶面施肥注意事项

（1）用微量元素进行叶面施肥时，必须慎重，因为作物对微量元素的需求量很小，从缺乏到过量之间的变幅较小，微量元素的缺乏或过量都会造成作物生理失调，使用前应根据作物的症状或通过定量分析加以确诊，使用时也一定要注意使用量。

（2）叶面追肥时最好采用雾化性能较好的工具，提高肥料溶液的雾化程度，增加肥料与作物的接触面积，提高肥料的吸收率。

（3）喷洒最好选择在下午进行，防止在强光高温下肥料溶液迅速变干，降低吸收率甚至引起药害。一般溶液喷洒在叶片上保持湿润时间能达到 30~60min，养分吸收速度快，吸收量大。

（4）从叶片的结构来看，叶背面大多是海绵组织，比较疏松，细胞间隙较大，多气孔，营养液通过比较容易。因此，在叶面施肥时，应尽可能喷洒到叶片的背面以提高吸收速度，提高肥料的利用率。

（5）叶面施肥可与杀虫剂、杀菌剂配合使用，以降低生产成本；也可在肥料溶液中加入适量的湿润剂，降低溶液的表面张力，增大其与叶片的接触面积，提高肥效。

6 微生物肥料常用种类及应用技术

微生物肥料是一类含有活微生物，施入土壤后，能以其生命活动促使作物得到特定的肥料效应而使作物生长茁壮或产量增加的制品。它本身并不含有大量植物生长发育所需要的营养元素，而是含有大量的有益微生物，在土壤中或植物体上通过微生物的生命活动，改善作物的营养条件、固定大气中的氮素或者活化土壤中某些无效态的营养元素，从而促进作物生长并使环境中的养分潜力得以充分发挥，为作物生长创造一个良好的土壤微生态环境。

6.1 微生物肥料的功效特点

6.1.1 改良土壤

（1）有益菌大量繁殖，在植物的根系周围形成了优势种群，抑制了其他有害菌的生命活动。

（2）快速分解土壤有机物质，促进土壤团粒的形成，且通过有益菌的活动能够疏松土壤，土壤的保肥、供肥、保水、供水及透气性都得到很好的调节。

（3）分解土壤中残留的农药，避免残留农药对下季作物产生药害，并对植物生长过程中通过根系排放的有害物质进行分解。

6.1.2 固氮、解磷、解钾

微生物肥料能够利用部分空气中的氮，通过有益菌生长代谢产生相应的酶和酸，可对土壤中难溶性的磷、钾肥（土壤中难溶性磷肥占95％，难溶性钾肥占98％）进行分解，从而使其成为植物能吸收的磷钾肥，大大提高作物对肥料的利用率，减少肥料的施用。

6.1.3 提高作物品质

微生物肥料能促使土壤中微量元素释放，被作物所利用，同时有益菌可代谢产生多种植物所需的物质，如小分子氨基酸、生长刺激物质、维生素等。

6.1.4 具有生物防治病害的效果

灌根可抑制土壤中的病菌，喷到叶面，可防止病害从叶面入侵。

6.1.5 调节植物体生理生化过程

微生物肥料可以促进作物生根、出苗、提早成熟，提高作物的抗逆性，表现出抗病、抗旱、抗倒伏的作用。由于土壤理化性质得到改善，土壤养分丰富且平衡，土壤中肥料能够更好地被作物吸收，因此能够促进作物早熟和延长采收期。

6.1.6 安全性强

微生物肥料不会对作物产生毒副作用，生物菌在土壤中的增殖代谢过程中能产生赤霉素及其他活性物质，可自身调节生理生化过程。微生物肥料本身无毒、无残留，且能分解残留土壤中的化肥、农药，净化环境。

6.2 微生物肥料种类

目前，我国微生物肥料的种类主要有三类，分别是农业微生物菌剂、生物有机肥、复合微生物肥料。

6.2.1 农业微生物菌剂

农业微生物菌剂本身不含营养元素，而是以微生物生命活动的产物来改善作物的营养条件，活化土壤潜在肥力，刺激作物生长发育，抵抗作物病虫危害，从而提高作物产量和质量。如大豆根瘤菌、生物磷肥、生物钾肥、抗病与刺激作物生长的菌剂等。

6.2.2 生物有机肥

生物有机肥是有机固体废物（包括有机垃圾、秸秆、畜禽粪便、饼粕、农副产品和食品加工产生的固体废物）经生物肥菌种发酵、除臭和完全腐熟后加工而成的有机肥料。

6.2.3 复合微生物肥料

复合微生物肥料是指特定微生物菌剂与营养物质复合而成的肥料制品。既含有作物所需的营养元素，又含有益微生物，既有速效性，也有缓效性，可以代替化肥供农作物生长发育使用。如目前市场销售的复合微生物肥料，代表着目前肥料发展方向，具有广阔的发展潜力。

6.3 设施蔬菜生产中微生物肥料施用原则

设施蔬菜生产是在人工创造的相对密闭条件下进行的，施用肥料过勤，量过大，会造成土壤板结、瓜菜烂根、植株萎蔫等现象，要想避免上述不良现象，就要注意改良土壤，注意微生物肥料的施用。微生物肥料在施用过程中，必须注意以下六个要点：

（1）注意田间实际状况。对含硫高的土壤不宜施用微生物肥料，因为硫能杀死生物菌。

（2）微生物肥料是一种活性菌，施用时必须埋于土壤中，不能撒施于地表，一般深施7~10cm。作种肥时，施于种子正下方2~3cm处；作追肥时以尽量靠近根系为好；叶面喷施时，应在下午3时后进行，并喷施于叶的背面，防止紫外线杀死菌种。

（3）注意棚温、地温和水温。施用微生物肥料的最佳温度是25～37℃，低于5℃，高于45℃，施用效果较差。对高温、低温、干旱条件下的农作物田块不宜施用。

（4）注意不能和其他农药混用，防止活菌被杀死而降低肥效。不要与杀菌剂、杀虫剂、除草剂和含硫化肥如硫酸钾等以及稻草灰混合用，因为这些药、肥很容易杀死生物菌。在施用时，若施微生物肥料与防病虫、除草相矛盾时，可先施微生物肥料，隔48h或更长时间再打药除草。若拌种，忌和已拌好杀菌剂的种子混合使用。

（5）注意与其他肥料配合使用。微生物肥料除固氮菌外不能大量提供速效养分，只能作为一种辅助性肥料，更不能取代有机肥和化肥，因此其他肥料的配合是必不可少的。

（6）注意因时制宜。微生物肥料不是速效肥，所以，在作物的营养临界期和大量吸收期前7～10d施用效果最佳。同时对不同作物或同一作物的不同时期，要选用不同的施用方法，作物叶背茸毛的多少、叶片蜡质的厚薄都会影响其使用效果。

6.4 目前生产上应用的主要微生物肥料种类简介

6.4.1 酵素菌肥

酵素菌是由细菌、放线菌、酵母菌、丝状菌组成的能够产生多种催化分解酶的有益微生物群体，它能够产生几十种活性很强的酶。酵素菌具有很强的好气发酵分解能力，既能分解各种作物秸秆、树皮、锯末等，又能分解化肥、农药等化学物质，还可分解页岩、沸石、膨润土等矿物质，使之在短时间内转化成为可供植物利用的有效成分。

6.4.1.1 酵素菌肥料种类

酵素菌类肥料可分为酵素菌堆肥、土曲子、酵素菌粒状肥、液体肥料和叶面喷肥五种。根据其功能和施用方法也可归类为土壤改良类（酵素菌堆肥、土曲子）、土壤施肥类（酵素菌粒状肥、液体肥料）和叶面施肥类（叶面喷肥）三类。

6.4.1.2 酵素菌肥料的施用技术

(1) 酵素菌堆肥　酵素菌堆肥是用酵素菌的扩大菌对秸秆进行发酵而成。一般用量为每亩 $3\sim6m^3$，在作物播种或定植前施入田里。

(2) 土曲子　一般用量为每亩 $200\sim300kg$。要均匀地施入耕层土壤中，避免直接撒施地表。

(3) 酵素菌粒状肥　用量一般为每亩 $100\sim200kg$。

(4) 酵素菌液体肥料　是用菜叶、青草等绿色植物加入米糠、豆饼、扩大菌和水发酵而成。其用法：取出发酵液稀释 $100\sim200$ 倍，根际浇施或随水灌施，用量一般为每亩 $30kg$。一缸原料可连续取液加水发酵三次。

(5) 酵素菌叶面喷肥　也称黑砂糖农药，由凉开水、大豆、扩大菌、红糖的混合料发酵而成，用法是使其滤液稀释 100 倍喷于作物上，起到增加营养和防治作物病害的作用。

酵素菌肥料是配套技术，各种类酵素菌肥料配套施用效果较佳。一般大棚蔬菜应该施用堆肥每亩 $4m^3$、底肥应该施用土曲子每亩 $200\sim300kg$、高级粒状肥或鸡粪粒状肥每亩 $100\sim200kg$，作物生长发育中期配合施用液体肥料及黑砂糖农药效果最佳。

6.4.2　增产菌

增产菌有效成分为芽孢杆菌，主要剂型有粉剂（每克含菌体 10 亿个）、液体菌剂，是中国农业大学植物生态工程研究所的专利产品。它是依据植物微生态理论，针对作物重茬及根病的多元病因，筛选多种对作物有特异功能的菌株复合而成的活菌制剂。能抑制和减少植物种子、根部、植株内外及土壤中杂菌的数量，以菌制菌，维护植物的微生态平衡。对重茬所造成的猝倒病、立枯病、青枯病、枯萎病、灰霉病、霜霉病、病毒病、根腐病等多种病害都有显著防效。增产菌能促进植物生长发育、早熟，提高抗病、抗旱、抗寒、抗热风、抗霜冻等能力。对人畜无任何不良影响，对植物不会产生任何损害，不存在残毒问题。

6.4.2.1　产品特性

(1) 增产提质　根据试验，亩施入 $20g$ 粉剂或 $20mL$ 液体菌剂，可使根菜类增产 $11.1\%\sim28.2\%$，叶菜类、瓜类增产 $5.3\%\sim24.8\%$，花菜类、茄果类增产 $7.9\%\sim40.6\%$。作物使用后品质提高，糖度增加，储存期延长。

（2）抗病防病　可预防多种植物病害，如对枯萎病、黄萎病、立枯病、炭疽病等多种病害有显著防效。

（3）促进生长　该菌在生长代谢中能产生生长素、SOD（超氧化物歧化酶）等活性物质，促进作物生长发育，表现为主根发达，侧根增多，苗齐苗壮，促进早熟，提高作物抗旱、抗寒、抗霜冻、抗干热风等能力。

（4）缓解药害　该菌迅速进入植物体内，能促进植物受伤组织的愈合，很快缓解化肥、农药等对作物所产生的药害。

6.4.2.2　在蔬菜生产上的应用

（1）拌种　拌种用量根据蔬菜种子大小和表面光滑度而定，一般为种子量的10%～20%。可先将种子浸湿，再用菌粉拌种；也可先温汤浸种，再用菌粉拌种后播种；还可将液体菌剂适量加水稀释后，边喷边翻动种子，要拌匀，稍晾干后，即可播种。

（2）浸种　对于需催芽后进行播种的，可将催好芽的种子装入纱袋内，放入稀释10～20倍的菌液中，待种子表面沾满菌液后取出，稍晾干后播种。

（3）蘸根　以定植方式栽培的茄果类、瓜类蔬菜，可以用蘸根的方法处理幼苗。将幼苗根系在20～40倍的菌液中浸泡5～7min，使根部蘸满菌液，稍晾后即可定植或扦插。

（4）浇灌　先将菌剂配成100～500倍的菌液，浇于定植穴内。每穴用150～200mL的菌液，再栽苗。

（5）喷雾　在蔬菜幼苗期、初花期、盛花期，用300～800倍菌液喷洒植株，每隔10d喷1次，共喷2～3次，喷时着重喷植株下部。据试验，黄瓜3～5片真叶期、花期各喷1次500倍液，霜霉病发病率降低24.1%～43.2%，亩增收黄瓜850～940kg，并减少黄瓜苦味，提高甜度。在西瓜5～6叶期，亩用液体菌剂10～15mL，加水40～50kg喷施，可使西瓜增产增甜，减轻病害，促进早熟。

6.4.2.3　注意事项

在肥沃疏松、湿润的土壤上使用本菌，效果更好；喷雾时，应着重喷洒植株的下部和基部；可与化肥、叶面肥和杀虫剂、生长调节剂及低浓度除草剂混用，但不能与杀细菌药剂混用；贮存期不宜超过半年，最好随用随买；宜在阴凉干燥处保存。本菌为活菌，包装如有膨胀，属正常现象。

6.4.3 生物钾肥

生物钾肥是一种新型的增产剂，即硅酸盐菌剂。它有两种剂型：一是草炭剂型，外观黑色粉状固体，湿润松散，含水量30%左右；另一种是液体剂型，外观乳白，浑浊，有微酸味。据资料介绍，每667m^2施1kg生物钾肥与每667m^2施15kg硫酸钾或15kg氯化钾或30kg过磷酸钙增产效果相当，且培肥地力，对土壤无污染。生产实践表明，施用生物钾肥需注意以下几点：

（1）注意土壤条件。生物钾肥在有机质、碱解氮和速效磷丰富的壤质土地上施用效果好。

（2）注意水利条件。有灌溉条件的水浇地，施用生物钾肥增产效果明显。试验证明，在高水肥、高氮磷的田块使用生物钾肥，能平衡氮、磷、钾的供应，农作物增产幅度大。

（3）优先施用于上下茬复种、喜钾作物上。

（4）存放和使用生物钾肥时不能在阳光下曝晒，施用时要当天拌种当天播完。

（5）生物钾肥用于追肥可以与尿素、硝酸铵、硫酸铵、硫酸钾、氯化钾等化肥混合使用。但是要现混现用，不宜存放，切不可与草木灰等碱性物质混合使用。

（6）注意早施。在整地以前基施、拌种、蘸根以及移苗时施用效果较好。如果是追肥，宜在苗期早追。

（7）近施，也就是要把生物钾肥施在根周围，越近越好。

（8）注意施匀，这样才有利于菌剂作用的充分发挥。

7 设施蔬菜常用的新型肥料类型、特点及使用方法

7.1 腐植酸类肥料

7.1.1 概念

腐植酸是一类成分复杂的天然有机物质的统称，它包括黑腐植酸、棕腐植酸、黄腐植酸。腐植酸是一种天然高分子有机化合物，在它的分子中

有羧基、酚羟基、甲氧基等多种官能团，因而使它具有较强的生理活性。它能与重金属离子进行化合、置换、络合、螯合等反应，使其改性，生成各种具有多种有益特性的新物质（新产品）。

腐植酸类肥料是一种含有腐植酸类物质的新型肥料，也是一种多功能肥料，简称"腐肥"，群众称"黑化肥""黑肥"等。它是以富含腐植酸的泥炭、褐煤、风化煤为原料，经过氨化、硝化等化学处理，或添加氮、磷、钾及微量元素制成的一类肥料，为有机、无机复混肥料。

7.1.2 类型

（1）原生腐植酸　也称天然腐植酸，它是天然物质化学组成中所固有的腐植酸。泥炭、褐煤中含有的腐植酸，以及土壤腐植酸和农肥肥料腐殖质中含有的腐植酸都属于原生腐植酸。

（2）再生腐植酸　对腐植酸含量较低的煤类，通过自然风化或人工氧化的方法生成的腐植酸，叫再生腐植酸。

7.1.3 优点

（1）改良土壤理化性状、培肥地力。

（2）为作物提供营养元素，能将铵离子、钾离子等肥分吸收，减少养分损失，提高肥料利用率。

（3）刺激作物生长，能加强作物体内多种酶的活动，增强作物抗逆能力。

（4）促进微生物的繁殖与活动。对微生物具有刺激作用，使真菌、细菌和固氮菌等活动能力提高，促进有机物分解，加速农家肥料腐熟，促进速效性养分的释放。

7.1.4 使用方法

腐植酸类肥料，主要用作基肥。提纯腐植酸可作为生长调节剂，主要用于浇灌或喷洒农作物。同时也可用于浸种，能提高发芽率，培育壮苗。

（1）基肥　每667m^2用0.02%～0.05%水溶液300～400kg与农家肥拌施，或开沟、挖坑基施。

（2）追肥　幼苗期每667m^2用0.01%～0.1%水溶液20kg，浇灌在根系附近（勿接触根系），可随水灌施或泼浇，提苗壮穗，促进生长发育。

(3) 根外喷洒　叶面喷洒2～3次，每次每667m²喷施0.01%～0.05%水溶液50～75kg，可增加叶绿素含量，恢复根系活力，促进养分向果实、种子转移，改善产品品质。以下午2时～6时喷为好。

(4) 浸种　用0.01%～0.05%的水溶液浸泡蔬菜种子5～10h。可提高发芽率，提早出苗，增强幼苗发根能力。

(5) 蘸秧根、浸插条　甘薯、蔬菜等移栽作物，移栽前用0.05%～0.1%的腐植酸钠、腐植酸钾溶液浸根数小时，或插秧时蘸秧根。可加快发根，增加次生根，缩短缓秧期，提高成活率。

7.1.5　注意事项

(1) 腐植酸肥料作基肥、种肥比作追肥好，集中施比撒施好，深施比浅施好。同时腐肥不能完全替代农家肥，配合有机肥料施用效果更好。

(2) 各类腐肥物料投入比不同，制造方法不同，养分含量差异很大。在施用时需掌握适宜的浓度，浓度过低不起作用，浓度过高会抑制作物生长，应在试验的基础上使用。

(3) 腐植酸钾、腐植酸钠为激素类肥料，应注意温度。施后天冷见效慢，天热见效快，一般温度需在18℃以上，若气温高于38℃时，会加速作物的呼吸作用降低干物质积累，造成减产，应停止施用或减少施用次数及用量。

(4) 腐植酸类肥料只有在土壤水分充足、灌溉条件好的地方，才能充分发挥肥效。腐植酸系列有机复合肥，各品种间的养分功能、改土功能和刺激功能的差异很大，互相间不能代替，施用时应根据要达到的目的进行选择。

7.2　氨基酸类肥料

7.2.1　概念

氨基酸类肥料是以氨基酸为主要成分，掺入无机肥料制成的肥料。常见的品种为氨基酸叶面肥，产品呈棕褐色，主要成分为氨基酸，属有机类肥料，氨基酸叶面肥一般是以有机废料(如皮革、毛发等)为原料，经化学水解或生物发酵，并与微量元素制剂等混合浓缩而成，可以刺激农作物生长，达到壮苗、健株、抗病、增产的目的。

7.2.2 功能与效果

（1）营养全面，能满足作物生长需要　肥料含有30%以上的氨基酸、氮、磷、钾、有机质和50%以上的镁、钙、硅和微量元素。肥料中营养元素的特点是：有机质与矿质相结合，缓释与速效为一体，为植物提供了丰富的营养。

（2）易于吸收，养分利用率高　养分利用率在70%以上，分别是化肥的2.5~3倍，农家肥的2~2.5倍。加速植物生理生化反应速度和物质积累，从而促进果实提早成熟，一般可提早成熟10d左右。

（3）提高产量，改善农产品品质　各种营养元素的均衡补给，大幅度改善农产品品质，无论是色泽、外观、品质，还是果实中的营养物质含量都有明显增加，耐贮性提高。如瓜果增产15%~25%，果大，色好，糖分增加，商品性好。

（4）植物生长健壮、抗逆性增强　肥料中富含钾、镁、硅、钙且以缓释态存在，钾、镁是多种酶的活化剂，硅可增强作物抗病、抗倒伏能力，钙能防止病菌侵染。

（5）改善土壤性状、优化生态环境　该肥料能使土壤形成稳定的团粒结构，改善土壤性状，钝化土壤中的有害元素。

7.2.3 使用方法

氨基酸叶面肥以叶面喷施为主，还可用于浸种、拌种、蘸秧根等。

（1）叶面喷施　使用时可根据使用说明，均匀地将液肥喷洒于作物叶片的正反两面。为减少蒸发，提高利用率，喷洒应在无风天气下的上午10时以前或下午4时以后进行，若喷后遇雨需在第2天重喷。

（2）浸种　将种子浸泡在适宜浓度的氨基酸液肥中，浸泡6~8h，捞出晾干后即可播种。

（3）拌种　将氨基酸稀释至要求浓度，均匀喷洒于种子表面，放置6h即可播种。

（4）蘸秧根　将氨基酸稀释至要求浓度，蘸秧根后即可移栽。

7.3 海藻肥

7.3.1 概念

海藻肥是一类天然农用有机肥料，主要由采用国际领先的生化酶工程萃取工艺等新技术从海洋藻类中提取的活性成分构成，能够促进作物生长,增加产量,减少病虫害,并增强作物抗寒、抗旱能力,又称海藻抗逆植物生长剂、海藻精、海藻粉、海藻灰等。其产品涵盖叶面肥、底肥、冲施肥、有机无机复混肥、生根剂、拌种剂、瓜果增光剂、农药稀释剂、花卉专用肥、草坪专用肥等多个类型。在蔬菜生产上应用具有明显促进生长效果,增产幅度达 $7.1\%\sim26\%$,抗寒、抗旱和抗病等抗逆效果明显,有利于保护生态环境。海藻肥在英国、美国、加拿大、南非等国家大量应用于农业及园艺等领域,已有30多年的历史,被列入有机食品生产专用肥料,是天然、高效、新型的有机肥。

7.3.2 主要特点

(1) 营养丰富 海藻肥以天然褐藻——海带为原料,含有大量的非含氮有机物,有陆生植物无法比拟的钾、钠、钙、镁、锰、钼、铁、锌、硼、铜、碘等40多种矿物质和丰富的维生素,所特有的海藻寡糖、甘露醇、海藻酶、甜菜碱、藻朊酸、高度不饱和脂肪酸,完整保留的有益特殊菌株在发酵繁殖过程中分泌的促进作物生长的各种天然激素,可刺激植物体内非特异活性因子和调节内源激素的平衡,增强作物根系活力,提高根系吸收养分能力,促进作物生长发育,保花保果。

(2) 易被吸收 海藻肥中的有效成分经过特殊处理后,呈极易被植物吸收的活性状态,在施用后 2～3h 进入植物体内,并具有很快的吸收传输速度。海藻肥中的海藻酸可以降低水的表面张力,在植物表面形成一层薄膜,增大了接触面积,水溶性物质比较容易透过茎叶表面细胞膜进入植物细胞,使植物有效地吸收海藻提取液中的营养成分。

(3) 肥药合一 海藻肥含有防治作物病害的特殊菌株,可有效抑制并减少土壤中的病杂菌数量,以菌治菌,增加土壤中有益菌的数量,改善土壤的微生态环境,对经济作物重茬造成的枯萎病、黄姜根腐病、病毒病等的防治效果显著。甘露醇、碘、甜菜碱等成分具有天然抗菌、抗病毒的作用。甜菜碱、碘、寡糖等对蚜虫、根结线虫等具有驱避作用。

(4) 改良土壤 海藻肥是一种天然生物制剂,可与植物-土壤生态系统协同作用。海藻肥可以直接使土壤或通过植物使土壤增加有机质,激活土壤中的各种微生物。海藻肥含有的天然化合物,如藻朊酸钠是天然土壤调整剂,能促进土壤团粒结构的形成,改善土壤孔隙空间,协调土壤中固、液、气三者比例,恢复由于土壤负担过重和化学污染而失去的胶质平衡，增加土壤生物活性及速效养分的释放速度，有利于根系生长，提高作物抗旱、抗寒、抗涝的能力，诱导作物产生防御机制。

（5）肥效持久　海藻肥激活的各种有益微生物能充分分解利用土壤中残留的氮、磷、钾等养分，提高有机肥的利用率，并将有机物中的蛋白质、脂肪、核酸及多糖类分解成植物生长所需的天然氨基酸、脂肪酸、核苷酸与葡萄糖，为植物提供更多的养分。同时海藻多糖及腐植酸等形成的螯合系统可以使营养缓慢释放，延长肥效。

（6）安全无害　海藻肥的主要原材料为天然海藻和优质菌株，海藻肥通过先进的生化提取技术与深层液体发酵工艺生产而成，整个生产过程中不添加任何激素。海藻肥不但能促进作物显著生长，而且其成分中的海藻提取物及有益菌株既可稳定降解土壤中的有毒物质，又可抑制作物对亚硝酸盐等有害物质的吸收，对人、畜无毒无害，对环境无污染。

7.3.3　主要功效

（1）调节生理代谢，提高开花率、坐果率，使蔬菜作物早开花、早结果，提早上市 5~7d。

（2）改善蔬菜作物品质，使果实着色好，畸形果少，口味好，不裂果，提早成熟，耐贮运，使叶菜叶色鲜绿，有光泽，纤维少，质脆嫩，味道鲜，使根菜类蔬菜脆嫩多汁，表皮光滑，形状整齐。

（3）增强蔬菜作物抗逆性，对作物有明显的生长促进作用，增产幅度达 10%~30%。能有效提高作物根系发育，激发作物细胞活力，增强光合作用，培育强壮苗，提高作物抗寒、抗旱能力，并对蚜虫、灰霉病、花叶病有明显防效。

（4）促进生根发芽，使弱苗变壮苗，能迅速恢复僵苗、黄叶、卷叶等；提高矿物质养分的吸收利用，促进根系发育，利于壮苗育成；促进植株生长旺盛、健壮。

（5）改良土壤，培肥地力，促进作物根系发育，有效预防土传病害发生。

（6）肥料养分全面均衡，迅速纠正缺素症状，使蔬菜叶形丰满，叶片肥壮浓绿，防治脆叶、烧叶及干尖。

（7）缓解病虫害、肥害、药害，无毒、无公害、无副作用。

7.3.4 施用方法

海藻类肥料施用主要采用叶面喷施，一般稀释1000倍左右喷雾或灌根，每667m^2喷洒量为稀释后约60kg，喷雾时叶正反面要喷均匀，喷雾6h内遇雨需补喷。

7.3.5 真假海藻肥的辨别

(1) 看其吸水性 若购买的是颗粒海藻肥，最简单的鉴别方法是看其吸水性。真正的颗粒海藻肥，其吸水性特别好，一般根据藻肥质量的好坏，吸水比例为1∶(2～6)，若是肥料中不含有海藻，其吸水比例为1∶(0.5～1)。

(2) 闻肥料气味 对于液体海藻肥，闻气味是最直接的鉴别方法。若肥料是真正的海藻肥，闻起来有腥味，不刺鼻。但要注意这种腥味不是鱼腥味，而是海带的味道，再仔细闻，有一股红糖的味道。若有刺鼻的味道，说明肥料中加了不少激素；若肥料中有氨味，说明肥料中加了氮素。这都是为了让海藻肥尽快表现出效果。若闻着有酱油味，可能为氨基酸类。

(3) 看肥料的颜色 真正的海藻肥颜色是棕色，即红糖的颜色，不是黑色或褐色。

(4) 看肥料是否有沉淀物 这主要是针对液体海藻肥来说的。若将液体海藻肥倒在一个透明容器中，真正的液体海藻肥是不分层的，而氨基酸、腐植酸类放在容器里就很容易分层，有沉淀。

(5) 看使用后的效果 真正的液体海藻肥喷在植株上，作物叶片发亮，韧性好。

7.4 甲壳质肥料

7.4.1 概念

甲壳质是一种多糖类生物高分子，在自然界中广泛存在于低等生物如菌类、藻类的细胞，节肢动物虾、蟹、昆虫的外壳，软体动物(如鱿鱼、乌贼)的内壳和软骨，高等植物的细胞壁等中。甲壳质是一种天然高分子聚合物，属于氨基多糖，甲壳质的化学结构与植物中广泛存在的纤维素结构非常相似，故又称为动物纤维素，是目前世界上唯一含阳离子的可食性动物纤维，也是继蛋白质、糖、脂肪、维生素、矿物质以外的第六生命要素。

甲壳类动物经过处理后生成甲壳质和衍生物聚糖，在农业生产上的应用主要包括可作生物肥料、生物农药、土壤改良剂、农用保鲜防腐剂等。

7.4.2 作用特点

（1）增产突出　甲壳质对作物的增产作用十分突出，这是因为甲壳质可以激活其独有的甲壳质酶、增强植株的生理生化机制，促使根系发达、茎叶粗壮，使植株吸收和利用水肥的能力以及光合作用等都得到增强。用于果蔬喷灌等可增产20%～40%，果实提早成熟3～7d，黄瓜增产可达20%～30%，菜豆增产20%～35%。

（2）具有极强的生根能力和根部保护能力　黄瓜使用甲壳质后3d，畦面可见大量白根生成，7d后植株长势健壮。甲壳质区别于普通生根肥的关键在于甲壳质可以促进根系下扎，抵御低温对根系造成的损伤，使根系在低温条件下仍能很好地吸收营养，正常供给作物所需，有效避免了黄瓜花打顶现象。另外，甲壳质的强力壮根作用对根茎类作物增产效果尤为突出，是根茎类作物增加产量的又一新途径。

（3）促进植株具备超强抗病能力　甲壳质可诱导防治的蔬菜主要病害有：菜豆褐斑病、白粉病、炭疽病、锈病；西瓜镰刀菌根腐病、丝核菌立枯病、叶枯病、白粉病、菌核病；黄瓜霜霉病、白粉病、枯萎病、叶点霉叶斑病；番茄根腐病、斑点病、煤污病、白粉病、炭疽病；茄子褐斑病、果腐病、黄萎病、斑枯病、褐轮纹病、黑点根腐病等；甜（辣）椒苗期灰霉病、根腐病、白绢病等。

（4）显著提高抗逆性　甲壳质可以在植株表面形成独有的生态膜，能显著提高作物的抗逆性。施用甲壳质以后，对蔬菜作物的抗寒冷、抗高温、抗旱涝、抗盐碱、抗肥害、抗气害、抗营养失衡等性能均有很大提高。

（5）节肥效果明显　甲壳质可以固氮、解磷、解钾，使肥料的吸收利用率提高。其独有的成膜性可以在肥料表面形成包衣，使肥料根据作物所需缓慢释放，隔次水配肥冲施甲壳质，每年每公顷可以节约不必要的肥料投入费用200元左右。

（6）具有极强的双向调控能力 作物在旺长时，甲壳质可以促进营养生长向生殖生长转化，而植株长势较弱时，甲壳质可以促进生殖生长向营养生长转化，使作物能平衡分配营养。

（7）可作果蔬保鲜剂 甲壳质在植株表面形成薄膜，对病菌的侵害起阻隔作用，而且这层膜有良好的保湿作用和选择性透气作用。这些特性决定了甲壳质可以成为果蔬保鲜剂的最好原料。目前应用最多的是水果、蔬菜的保鲜。虽然甲壳质的保鲜效果不如气调、冷藏等传统的贮藏方法，但它应用方便，价格低廉，无毒无害，可作为一种辅助的贮藏方法。

7.4.3 注意事项

（1）禁止原液混配。不论是杀菌剂、杀虫剂原液或原粉都禁止与甲壳质原液或原粉混配。要混配使用，必须分别稀释成一定浓度的稀释液后混配使用。

（2）与杀菌剂混用的要求。可以与链霉素、中生霉素、多抗霉素等大多数单一成分杀菌剂混用，只要分别配成母液即可。不能与无机铜制剂混用。

（3）与杀虫剂混用的要求。应先将甲壳质产品与杀虫剂分别稀释到相应的倍数后混配试验，如无反应才可使用。不与带负电的农药混合使用，因甲壳质带正电，会和某些带负电的农药发生凝胶沉淀现象（类似蛋花汤），使药效消失且阻塞喷雾器的喷雾孔。

（4）甲壳质本身具有"植物疫苗"的作用，能够诱导作物产生对病害的抵抗力，与杀菌剂交替使用，杀菌剂使用次数减半，能够达到同样的防治效果，并且产量增加20%以上。

7.5 活力素

7.5.1 概念

植物生长活力素为美国高乐公司采取低温萃取工艺生产的100%纯天然有机提取物，该产品已通过美国NOP（国家有机工程）有机认证，有效成分含量高。可保花保果、促进生根，提高植物抗寒、抗旱能力。其主要成分为海藻精，是从海洋藻类中提取的营养精华，含有多种陆生植物生长所必需的物质，包括海藻酸35g/L、甘露醇10g/L、蛋白质5g/L、钙

8.8g/L、生物多糖6%、苗长素≥58mg/L、生长素≥32mg/L、细胞分裂素≥100mg/L、多种维生素≥50mg/L。

7.5.2 主要功能

（1）增强植物光合作用，刺激植物快速生长　改善根系生长环境，促进新根萌发，预防和治疗植株烂根。增加叶片的营养积累，使叶色浓绿、生长健壮，提高植物对水肥的吸收利用，提高肥料利用率，预防早衰。但不会出现类似赤霉素、复硝酚钠等化学激素所带来徒长、早衰、产品品质下降等副作用。

（2）提高种子发芽率　用植物生长活力素浸种，可打破植物休眠，提高种子发芽率和出苗整齐度，幼苗粗壮，抗性好。

（3）保花保果　促进花蕾发育，花苞硕大饱满，提高坐果、结实率，减少落花、落果和畸形果，果实大小均匀。

（4）优化果实商品品质　在果实膨大期，使用植物生长活力素浸果或喷施，可明显促进果实膨大，提高果实维生素和糖分等营养物质含量，果实着色自然，不会产生类似化学激素的副作用，增加单果重，提高含糖量，果色靓丽有光泽、卖相好，提早上市。

（5）抗早衰，显著提高抗逆性　保护嫩芽、新叶、枝梢和花蕾，显著提高植物对病虫害及干旱、霜冻等恶劣环境的抵抗能力，降低冻害等自然灾害的损失，增强对多种病菌、病毒病侵染的抵抗力，降低病害发生概率。

（6）缓解药害　植物生长活力素可明显缓解杀虫剂、杀菌剂使用不当造成的僵苗滞长现象，让植物恢复正常生长。

7.5.3 在蔬菜生产上的应用

叶面喷施时，可稀释1250～1500倍，分别于现蕾期、幼果期、果实膨大期、采果前后、新梢抽生期及花芽分化期各喷施1～2次；扦插生根时，稀释100～200倍，浸泡插条1～2min后直接扦插；移栽幼苗时使用，稀释500～600倍，移栽前1d或移栽后立即灌根，缩短缓苗期，提高移栽成活率。

（1）番茄、黄瓜、辣椒、西瓜、豇豆、茄子、冬瓜、苦瓜、甜瓜等瓜果类蔬菜　苗期淋施1～2次，可使根多苗壮，长势旺，整齐均匀，抗寒、抗旱、抗病。定植后至坐果期喷施1～2次，可促进秧蔓快速健壮生长，提早坐果。坐果期喷施2～3次，可保花保果，提高坐果率，果实大小均匀，提早上市。

（2）叶类菜　全生育期喷施2～3次，可促进茎叶发育，鲜嫩爽口，提早上市。

7.5.4　注意事项

喷雾时，喷于叶背效果更佳，应避开中午高温时段，喷施后4h内遇雨酌情补喷。该产品可与大多数农药混合使用，但不能与波尔多液、石硫合剂、机油乳剂、铜制剂混用。使用前应充分摇匀，与其他农药肥料混用前，兑水5倍以上混匀，再加足水量。

8　穴盘秧苗"一行双带双吊"应用技术

8.1　技术概述

该技术是改变农户用营养钵自育自用苗和用现蕾大苗的习惯，改变大垄双行大小行定植、每条垄上铺三条滴灌带的常规做法，实行一垄一行的等行距种（定）植，一垄（行）铺两条滴灌（微喷）带的种植技术。目前，蔬菜育苗企业发展很快，技术已很成熟，全面推广应用集约化穴盘秧苗已成为今后蔬菜产业发展的趋势。

8.2　技术优点

8.2.1　工厂化穴盘小龄秧苗与常规营养钵育苗相比的优点

（1）出苗整齐，成苗率提高。穴盘保水性能强，基质通透性好，穴盘育苗比营养钵育苗提早出苗5～7d，且出苗整齐一致。

（2）成本降低，经济效益提高。使用穴盘育苗，综合成本可降低30％～50％。

（3）节约用地，土地利用率提高。穴盘育苗单位面积上的育苗量比常规营养钵育苗高，育苗场地利用率提高。

（4）缓苗期短，促早发效果增强。穴盘育苗，移栽后不易伤根，活棵期提早，成活率高。

（5）应用广泛，普及率提高。穴盘育苗起苗运苗时重量轻，根坨不易散，适合远距离运输。同时穴盘育苗还可有效地控制土传病害和苗床杂草危害。

（6）全生育期总产量增加20%以上。

8.2.2 穴盘基质苗移栽后采用一行双带栽培与传统大垄双行栽培相比的优点

（1）通风透光好，避免大垄双行的窄行间郁闭，增强植株抗性，减少病虫害发生，有利于坐果，显著提高单株产量。

（2）管理更方便，效果好。"一行双带"的整枝、施肥、打药、采收等田间管理更方便。喷药时药液散布更均匀、防效更好。

（3）采收速度要比双行栽培快，采收率高，浪费少，便于机采。

8.3 "一行双带双吊" 应用技术要点

8.3.1 番茄

8.3.1.1 商品苗标准

番茄无土穴盘商品苗标准见表1-7。

表1-7 番茄无土穴盘商品苗标准

季节	穴盘/孔	株高/cm	茎粗/mm	叶片/片	花蕾	日历苗龄/d
冬春季	72	18～20	4～5	6～7	见小花蕾	50～60
	128	10～12	2.5～3	4～5	无	40～50
	200	7～9	1.5～1.8	1～2	无	15～20
夏季	72～128	13～15	2.5～3.5	5～6	少见小花蕾	18～25

8.3.1.2 技术要点

高畦单行双吊栽培，畦高5～10cm，畦面宽70～75cm，过道宽60～55cm。畦面要与吊绳铁丝对应。在定植前7～10d，浇透水造墒。安装滴灌带，每行2根。滴灌带不能紧靠秧苗根部，应与植株根部相距10cm。按28～30cm株距打孔，打孔深度超过番茄苗基质坨1cm，每667m² 定植1800株。将番茄苗坨放入定植孔后，将坨与土之间的缝隙用土封严，坨上不覆土。

8.3.2 黄瓜

8.3.2.1 商品苗标准

黄瓜无土穴盘商品苗标准见表1-8。

表1-8 黄瓜无土穴盘商品苗标准

季节	穴盘/孔	株高/cm	茎粗/mm	叶片/片	花蕾	日历苗龄/d
冬春季	50、72	13~15	4~5	4~6	见很小花蕾	40~50
	98、128	12~15	2.5~3	3~5	见很小花蕾	30~40
	200	8~10	1.5~2.0	真叶顶心	无	10~15
夏季	50、72、128	15~18	3.5~4.5	2~5	见很小花蕾	21~25

8.3.2.2 技术要点

畦高20cm，畦面宽60cm，过道宽40cm。在定植前7~10d，浇透水造墒。安装滴灌带，每行2根。滴灌带不能紧靠秧苗根部，应与植株根部相距10cm。畦面要与吊绳铁丝对应。

在畦中央开沟，沟深10cm，株距14~16cm，根据品种特性每667m²定植3500~4000株，定植深度以营养坨面与畦面相平为准。

8.3.3 辣椒

8.3.3.1 商品苗标准

辣椒无土穴盘商品苗标准见表1-9。

表1-9 辣椒无土穴盘商品苗标准

季节	穴盘/孔	株高/cm	茎粗/mm	叶片/片	花蕾	日历苗龄/d
冬春季	50、72	18~20	4~5	7~9	少见花蕾	50~60
	98、128	18~20	2.5~3	8~10	很少见花蕾	60~70
夏季	50、72、128	13~15	2.5~3.5	5~6	很少见花蕾	35~45

8.3.3.2 技术要点

畦高20cm，畦面宽70cm，过道宽40cm。在定植前7~10d，浇透水造墒。安装滴灌带，每行2根。每667m²定植2000株。在畦中央开沟，沟深10cm，株距35cm左右。滴灌带不能紧靠秧苗根部，应与植株根部相距10cm。畦面要与吊绳铁丝对应。

9 植物生长补光灯应用技术

9.1 技术概述

植物生长补光灯是根据植物生长所需要的光线波长范围(以红光、蓝光为主)和光照强度而设计的,调试出适合植物生长所需要的光谱能量分布的灯光,较好解决越冬生产时阴、雨、雪、雾、霾等不良天气影响植物正常生长的问题。在正常日光温室生产中,大约每隔 3m 的距离,安置一盏植物生长补光灯,能有效解决光照不足带来的问题。

9.2 技术优点

(1) 促进植株生长,确保产品按时上市。
(2) 明显提高商品品质,获得较高的经济效益。
(3) 增强植株抗性,减少药剂的使用,节约生产成本。
(4) 有效解决因光照不足(阴、雨、雪、雾、霾天气)造成的开花延迟、掉花、掉果、畸形果等问题。

9.3 技术要点

9.3.1 灯具的选择

目前市场上植物生长补光灯有 LED 灯、高压钠灯、荧光灯、微波硫灯、等离子灯、金卤灯、陶瓷金卤灯等十余种,在生产中结合实际效果和经济效益等综合考虑,较常选用的是 LED 灯,输出功率为 36W。切记要选择 3C 认证产品,禁用"三无产品",确保安全。

9.3.2 灯具的安装

结合补光灯安装说明,合理选择、布置电线和开关。将补光灯安置在日光温室北墙内侧与地面交线的垂直延长线上,距离采光屋面地脚线 3~3.5m 点位的上方,用于作物补光灯具的光源距离畦面 2~2.5m 高,每隔

5m安置一盏补光灯,首盏和末盏补光灯距离侧墙(山墙)2.5m。如果日光温室跨度≥9m,结合补光灯的功率,每行(南北方向)可适当安装2盏补光灯,两灯之间距离≥5m。

9.3.3 应用时间

结合棚内的作物,适时延长或缩短补光灯的使用时间。正常晴天冬季日光温室生产中,在掀开草帘和覆盖草帘前后分别使用2h即可,也可根据不同植物对光照的需求不同进行补光。如遇到阴、雨、雪、雾、霾等不良天气,要参照植物生长需求进行全天补光,具体补光时间可参照表1-10。

表1-10 常见蔬菜光照时间需求表(仅供参考)

植物品种	最佳日照长度/h	补光时间/h
番茄	12~16h	晴天补5~7h,阴雨天补13~16h
葡萄	14~16h	晴天补6~8h,阴雨天补14~16h
草莓	12~17h(视品种而定)	晴天补4~8h,阴雨天补12~17h(视品种而定)
茄子	11~14h	晴天补4~6h,阴雨天补11~14h
青椒	10~12h	晴天补3~5h,阴雨天补10~12h
黄瓜	11~13h	晴天补4~5h,阴雨天补11~13h
西葫芦	10~12h	晴天补3~4h,阴雨天补10~12h
西瓜	10~12h	晴天补3~4h,阴雨天补10~12h
芹菜	12h	晴天补3~4h,阴雨天补12h
大葱	10~15h	晴天补3~7h,阴雨天补10~15h

注:黄瓜、西葫芦、西瓜,开花初期少日照,夜温15℃左右短日照8~10h利于雌花的分化和形成,补光开始时间最好是上午4时或5时,此时这几样植物光合作用效果最好。其他植物补光最佳时间是刚日落后,因此时大棚内温度与白天相近。补光时大棚室内温度保持在10~35℃,光合作用正常进行,25~35℃最适宜。在补光的同时建议肥、水、二氧化碳浓度和温度的控制及管理跟上。

10 日光温室防虫网配套熊蜂授粉技术

10.1 技术原理

10.1.1 熊蜂授粉

熊蜂授粉是一种自然的授粉方式,能够适时授粉,访花后留有褐色标记,访花效果清晰可见,熊蜂和蜜蜂同样都是采集花蜜的能手,但它们的生活习性和生理结构却有着很大的差别,这些差别正是熊蜂在大棚中授粉的优势。这些优势就是耐低温、耐低光照、耐高湿度。蜜蜂出巢正常工作,外界温度必须高于14℃,而熊蜂出巢温度为6.5℃。这样在气候寒冷时,熊蜂依然能飞行和采集花粉。当温度在2℃左右时,蜜蜂已经失去了飞行的能力,而熊蜂还能正常活动,这种抗低温的本领,在冬季大棚蔬菜授粉中占有很大的优势,并且熊蜂比蜜蜂的体格强壮,一天能访花上百朵,它全身有丝绒一样的毛,非常容易附着花粉,每只熊蜂一次访花可以携带花粉数百万粒,授粉效率是蜜蜂的很多倍。

10.1.2 防虫网

防虫网是由聚乙烯(添加了防老化、抗紫外线的化学助剂)为原料,经拉丝织造而成的网,具有抗拉强度大、抗热、耐水、耐腐蚀、耐老化、无毒无味等特点,蔬菜防虫网是以防虫网构建的人工隔离屏障。

10.2 技术优点

(1)提早、增产、提质、增收 熊蜂授粉的作物比激素及人工授粉的作物成熟早。该技术能促进坐果,显著增产,使作物果形好,畸形果少,商品性好,质优价高,促进菜农增收。

(2)安全环保 熊蜂授粉可完全替代激素蘸花,避免激素污染,保护环境,不影响菜农健康,不对作物造成药害,确保蔬菜绿色安全生产。

(3)省工省力 激素蘸花劳动强度大,熊蜂授粉轻简高效。人工蘸花费力费工,激素浓度掌握不好会造成作物品质不佳。

(4)防虫保菜 防虫网配套熊蜂,熊蜂被防虫网隔离在棚室内授粉,防虫网又将害虫拒之网外,从而起到防虫保菜的效果,提升蔬菜产品质量安全。

10.3 技术要点

10.3.1 使用方法

(1)合理配置 由于熊蜂个体较大,初花期要少放蜂,以免踩伤花瓣和雌蕊。为设施茄果类、瓜果类等作物授粉,为满足授粉需要,每667m² 普通日光温室配备1群熊蜂(60只工蜂/群),每1000m² 大型连栋温室配备1群熊蜂。

(2) 维护蜂群　熊蜂的授粉寿命为45d左右。当为草莓等花期较长且花粉较少的作物授粉时,需要饲喂花粉和糖水,并及时更换蜂群,保证授粉正常进行。

(3) 温室管理　温室通风口应安装防虫网,防止熊蜂逃逸。在作物开花前1~2d的傍晚,将蜂群放入温室,第二天早晨打开巢门。授粉期间,根据作物生长要求,控制温室内的温度和湿度。注意避免喷施农药对熊蜂的伤害,必须施药时,应尽量选用生物农药或低毒农药。施药时,应先将蜂群移入缓冲间并隔离足够的时间,然后放回原位。

(4) 蜂箱的位置　蜂箱应放置在温室中部,为设施瓜果等授粉时,蜂箱要放置在作物垄间的支架上,支架高度30cm左右。出蜂口不要面对山墙、后墙和采光面,即要面向最远的山墙,保证熊蜂出蜂箱时有足够的直飞距离。

10.3.2　注意事项

(1) 蜂箱在放置后,不要随意挪动,巢口朝南,便于熊蜂辨别方向。在喷洒农药时,要将蜂箱挪出棚室,根据农药的具体情况确定安全间隔期,药性对熊蜂不构成危害时,再将熊蜂放入棚内。

(2) 根据蔬菜特性选用适宜的防虫网,蔬菜生产以选用40~60目的网为宜。在能有效防止蔬菜上形体最小的主要害虫——蚜虫的前提下,目数应越小越好,以利于通风。覆盖前进行土壤消毒和化学除草,目的是杀死残留在土壤中的病毒和害虫,阻断害虫的传播途径。防虫网四周要用土压实,防止害虫潜入产卵。随时检查防虫网破损情况,及时堵住漏洞和缝隙。

(3) 实行全生育期覆盖,一是防止熊蜂外出,二是防止棚外的害虫进入棚内。应避免蔬菜紧贴防虫网,防止网外害虫取食菜叶继而产卵。

(4) 控制棚内温湿度,防虫网在使用过程中,如果环境气温较高,棚内空气流通不畅,棚内温湿度相对升高,对蔬菜的生长发育是极为不利的,易造成烂籽、烂苗、徒长等,严重的会枯死。因此在生产中要注意控制棚内温湿度,在气温较高,如7~8月份特别高时,可增加浇水次数,以湿降温。

（5）防虫网投入较高，提倡多茬使用。在田间使用结束后，应及时收压、洗净、吹干、卷好，再次使用时应检查破损情况，及时堵住漏洞和缝隙。

10.4 使用农药注意事项

（1）授粉期间谨慎打药或熏药，如需打药或熏药，应将蜂箱搬到其他未打药棚室，严格确定安全间隔期限，间隔期间如遇阴天，则阴天天数不计入安全间隔期，间隔期顺延。

（2）打药或熏药后，应在温度高时加大棚室通风，以便使农药尽快散去。

（3）因打药或熏药，蜂箱搬到其他棚室后超过3d，要打开巢门，让熊蜂自由进出，以免因高温闷死，间隔期间不超过3d的，可以不打开巢门。

（4）农药对熊蜂的影响及建议措施见表1-11。

表1-11 农药对熊蜂的影响及建议措施

病虫害	农药有效成分	商品名	对熊蜂的影响	安全间隔期(天)
早疫病	苯醚甲环唑	世高	←①	1
	异菌脲	扑海因	←	1
	百菌清		←	1
	氟硅唑	福星	←	1
	嘧菌酯	阿米西达	←	1
	噁霜·锰锌	杀毒矾	←	1
	代森锌		×②	14
晚疫病	氟菌·霜霉威	银法利	←	1
	霜霉威	普力克	←	1
	甲霜·锰锌	雷多米尔	←	1
	霜脲·锰锌	克露、克抗灵	←	1
	丙森·缬霉威	霉克多	←	2
	百菌清		←	1
	烯酰·锰锌	安克锰锌	←	1
	氰霜唑		←	1
	烯酰吗啉	安克	←	1
	氟硅唑	福星	←	1
	醚菌酯	翠贝	←	1
	嘧菌酯	阿米西达	←	1
灰霉病	嘧霉胺	施佳乐	←	1

续表

病虫害	农药有效成分	商品名	对熊蜂的影响	安全间隔期(天)
灰霉病	异菌脲	扑海因	←	1
	咯菌腈	适乐时	←	1
	嘧菌环胺		←	2
	嘧菌酯	阿米西达	←	1
	甲硫·乙霉威	万霉灵	←	1
叶霉病	苯醚甲环唑		←	1
	戊唑醇		←	1
	氟硅唑	福星	←	1
	腈菌唑		←	1
	春雷霉素		←	2
	甲基硫菌灵		←	1
	甲硫·乙霉威	万霉灵	←	1
病毒病	吗胍·乙酸铜		←	1
	宁南霉素		←	2
细菌性青枯、斑疹、溃疡	碱式硫酸铜		←	1
	琥胶肥酸铜	DT	←	2
	农用链霉素		←	1
	氢氧化铜	可杀得	←	1
茎基腐	多抗霉素		←	2
	唑醚·代森联	百泰	←	1
	甲霜灵		←	1
	噁霉灵		←	1
	戊唑醇		←	1
白粉虱、蚜虫	溴氰菊酯	敌杀死	←	3
	阿维菌素		←	3
	抗蚜威	辟蚜雾	←	1
	苦参碱		←	1
	吡虫啉		×	30
	异丙威		×	7
	高效氯氰菊酯		×	30
	噻虫嗪		×	20
	高效氯氟氰菊酯	功夫	×	30
	氰戊菊酯		×	30
	矿物油	丰功	←	1
叶螨	炔螨特		←	1
	硫丹	赛丹	×	14
	溴螨酯		←	1
	除螨灵		×	15
	三唑锡		←	2
	联苯肼酯		←	1
潜叶蝇	阿维菌素		←	3
	灭蝇胺		←	1.5
	印楝素		←	1

续表

病虫害	农药有效成分	商品名	对熊蜂的影响	安全间隔期(天)
棉铃虫	虱螨脲		←	2
	溴氰菊酯		←	3
	茚虫威		←	3
根结线虫	阿维菌素		←	10
	淡紫拟青霉		←	1
	丁硫克百威		×	30

①←表示将蜂箱回收,并移出到温度不低于15℃的地方;

②×表示禁止使用。

11 日光温室高温闷棚消毒技术

11.1 技术概况

日光温室6~7月份蔬菜生产结束进入休闲期,可以利用7~8月的高温季节,进行闷棚消毒工作,为下一生产周期创造良好的生产条件。此方法能够使地表持续达到60℃以上高温,提高施基肥后的闷棚效果,有效防治根结线虫等土传病虫害,增加土壤肥力。同时石灰氮的施入还可以解决果类蔬菜(番茄、甜椒等)因土壤钾含量高、设施湿度大、蒸腾不良及过量施用铵态氮肥造成的植株生理性缺钙等问题。

11.2 技术路线

11.2.1 石灰氮-秸秆消毒技术

越冬一大茬蔬菜在6~7月份拉秧后,到下茬种植前有60~70d的高温休闲期,进行石灰氮(或石灰)-秸秆消毒处理。按石灰40~60kg/667m² 和粉碎秸秆1000kg/667m² 的量施入土壤,施入基肥,进行深翻起垄,浇大水,覆盖地膜,密闭棚室30d左右。

11.2.2 碳酸氢铵消毒技术

在夏季高温休闲期,施入碳酸氢铵,每667m² 地用碳酸氢铵5~10

袋,然后旋耕翻地,与土混合均匀,再大水浇透,密闭棚室,高温闷棚一个月左右,地面覆盖塑料棚膜,杀菌效果会更好。然后放风 7d 左右。棚内无味后再进行农事作业。

11.2.3 太阳能消毒技术

对于土传病虫害较轻或没有病害的棚室,在上茬拉秧后,清除枯枝落叶,拔出残根,深翻土壤,旧棚膜不撤,密闭好棚室,利用 7~8 月高温季节,干闷棚一个月以上,温度可达 60℃ 以上,可以有效杀灭温室内的各种病原菌,既经济又有效。

在下茬育苗或定植前 10d,深翻土壤,施入基肥,整地作畦,购买新塑料棚膜,扣膜后,密闭棚室高温闷棚 3~5d,可以杀死温室、土壤及农家肥中的各种病菌,通过两次高温闷棚,杀菌效果显著,放风后可进棚育苗。

11.3 效益分析

11.3.1 经济效益分析

通过此项技术应用,可提高产量 10%~15%,每栋日光温室可增产 1500kg 左右(以 80m 棚为计算单位),增收 4500 元左右,达到增产增收的作用。

11.3.2 生态、社会效益分析

该技术是一项防治土传病害的防控技术,能明显减轻根结线虫病的侵害,减少农药的使用。由于使用石灰,可以使农产品中硝酸盐含量显著降低,减轻了土壤酸化程度。杀菌、杀虫卵效果显著,减少了多种病虫害的发生,降低了农药使用量。该技术的推广减少了环境污染和资源浪费,提高了农产品的品质,保护了生态环境,实现了农作物环保、绿色、优质、高产、高效的目标,提高了农户从事设施农业生产的积极性。

12 蔬菜绿色防控技术

"绿色防控"技术是根据"预防为主、综合防治"的植保方针,围绕重点区域、重点作物、重点病虫害实施防治的新技术措施。

蔬菜病虫害绿色防控技术是指在蔬菜目标产量、目标效益范围内，针对蔬菜生产条件与栽培特点，以保护生态环境、节约成本、降低消耗、提高资源利用率为目标，紧紧围绕提升农产品质量安全这个主线，以"绿色减灾，和谐植保"为核心，优化集成生物防治、生态控制、物理防治和化学调控等新技术，开发的安全型防控措施。通过加强新技术应用展示，推进蔬菜病虫害的物理防治，提高防灾减灾的科技含量和综合效益。该技术是综合防治的新体现。在蔬菜生产中把杀虫灯、性诱剂、捕虫板、防虫网和药剂的使用有机结合起来，既可以提高病虫害的防治效果，又可以减少化学农药的使用次数和使用量，还能提高蔬菜产量，保护生态环境。

12.1 辣根素土壤消毒

12.1.1 产品概述

辣根素是从十字花科植物中提取出来的物质，有效成分是异硫氰酸烯丙酯，属于环境友好型化合物，在世界上许多国家中用于土壤消毒处理。除了氯化苦、棉隆、威百亩等化学熏蒸剂，辣根素也是替代溴甲烷的一种重要的药剂。

12.1.2 技术优点

（1）辣根素具有持效期长，对人畜安全，环境友好，在植物生育期可用来防治根结线虫等特点，是绿色、有机食品生产的好帮手。

（2）辣根素作用于昆虫的呼吸系统，是氧化磷酸化的解偶联剂或抑制剂。

（3）辣根素杀线虫是通过与酶分子中的亲核部位（如氨基、羟基、巯基）发生氨基甲酰化反应来起作用。

（4）抗真菌活性是通过氧化裂解菌体的二硫键来钝化细胞外酶。对细菌是破坏细胞膜的结构，从而影响其代谢渗漏作用。

12.1.3 使用方法

（1）本品用于作物定植前土壤消毒，使用时将药剂兑水配成一定浓度的溶液，然后随水浇灌。采用滴灌的方式均匀施药处理土壤，建议用量 $3\sim5L/667m^2$。

(2) 施药前需要旋耕整地，深度 30cm。

(3) 均匀施药后，浇透水，然后立即覆盖不透气塑料膜，并用土压实，密闭熏蒸消毒，5～7d 后揭膜透气 2～3d 即可定植。

(4) 辣根素可以稀释 3000 倍，随水冲施，每次 1L，20d 以后再冲施一次。

12.2 "日晒高温覆膜法" 防治韭蛆技术

12.2.1 技术概述

韭蛆不耐高温，当韭蛆幼虫所在的土壤温度超过 40℃且持续 3h 以上，韭蛆将会死亡。"日晒高温覆膜法"就是利用这一特点，通过在地面铺上透明保温的无滴膜，让阳光直射到膜上，提高膜下土壤温度，来杀死韭蛆。该技术操作简单、见效快、防虫成本低、省工省时、绿色环保，是一项经济实用的根部害虫防治新技术，也是害虫无害化防控的有效办法。

12.2.2 技术要点

(1) 割除韭菜　若韭菜生长非常稀疏，一眼很容易看到韭菜的根部和土壤，则可以不割韭菜，直接在地面支起 30cm 高的棚，再在棚上覆膜。若韭菜生长旺盛，为了不让韭菜叶片遮阳，影响阳光照射土壤升温，可以覆膜前 1～2d 内割除韭菜，韭菜茬不宜过长，尽量与地面持平。若地面留茬太长，新生韭菜不易顶掉老茬，导致生长缓慢，甚至有些较弱的韭菜植株因顶不破老茬而死亡；另外，膜内高温将老茬蒸熟，揭膜后，老茬散发较浓的气味，容易引来附近的苍蝇。

(2) 看天气覆膜压土　在 4 月下旬至 9 月中旬，选择太阳光线强烈的天气覆膜。最好选择透光性好、膜上不起水雾、厚度为 0.10～0.12mm 的浅蓝色无滴膜。覆膜后四周用土壤压盖严实。由于膜四周与土壤交汇处温度较低，若韭菜根系恰好在膜边缘，可能有少量韭蛆不易杀死。因此，膜的面积一定要大于田块面积，膜四周尽量超出田块边缘 50cm 左右。

(3) 去土揭膜　待膜内土壤 5cm 深处温度持续 40℃以上超过 3h（即当日上午 8 时前覆膜，下午 6 时左右揭膜）揭开塑料膜，韭蛆的卵、幼虫、蛹和成虫均可全部死亡，甚至还可以杀死一些其他的害虫。若覆膜后突然碰到阴天或土壤温度不足以将韭蛆杀死，可以继续覆膜，直到土壤温度提升将韭蛆杀死后再揭膜，不影响韭菜生长。

（4）浇水灌溉　揭膜后，待土壤温度降低后及时浇水缓苗，生长过程中保持土壤湿润，有条件的地方可以配施有益生物菌肥。覆膜处理后的韭菜地下根部不受伤害，5～8d 后长出新叶。覆膜处理后韭菜前期生长缓慢，后期生长加快，20d 后与对照组韭菜高度无显著差异。夏季养根期的韭菜，应在5月底前采用日晒高温覆膜法进行治蛆处理，以免影响韭菜养根。夏季收割的韭菜，可以随时割随时覆膜杀蛆。若计划新种植或新移栽作物的田块，务必事先采用日晒高温覆膜法处理。若不急于马上种植，可以覆膜多日，彻底杀死土壤中的其他病虫害。

12.3　粘虫色板的应用

12.3.1　技术原理

温室害虫主要以粉虱、蚜虫、斑潜蝇、蓟马等为主。粘虫色板及防虫网综合利用能达到控制害虫数量，减少病害发生的目的。色板诱杀技术是利用昆虫对颜色的趋性来诱杀农业害虫的一种物理防治技术，可诱杀蚜虫、白粉虱、烟粉虱、斑潜蝇、蓟马等小型害虫，与化学防治相比具有使用简单、绿色环保等优点。

据统计，有害昆虫达数万种，这些害虫多数对不同光波或颜色或特异性物质具有趋性，色板诱杀就是利用害虫对光的趋性来诱捕杀灭害虫的物理防虫技术，经济有效，符合现代生态农业可持续发展要求。经试验研究，黄板以橙黄色板诱集效果最好，金黄和中黄色次之；蓝板以略显荧光的深蓝色板诱集效果最好。

12.3.2　功能与作用

主要用来诱捕杀灭蚜虫、白粉虱、烟粉虱、斑潜蝇、蓟马和其他害虫，因多种蔬菜病毒病由小型害虫传毒，杀灭传毒介体，可有效控制病毒病的发生与蔓延。不使用任何农药防治害虫，不造成害虫抗药性，对蔬菜产品和生产环境不形成农药残留污染。

12.3.3　主要技术内容及使用方法

12.3.3.1　色板种类

根据诱集诱杀害虫的需要，目前色板种类主要有两种：黄板和蓝板，黄板用途较广泛，可诱捕杀灭蚜虫、白粉虱、烟粉虱、斑潜蝇、部分蓟马等害虫的成虫，而蓝板目前仅用来诱杀西花蓟马、花蓟马、棕榈蓟马等。

从制作色板材质分，有普通塑料的、尼龙的、PP板材质的、木质的、纸质的。

12.3.3.2 使用方法

用竹(木)细棍支撑将其固定，或采用细线(铁丝)悬挂，棋盘式分布，密度以每 $667m^2$ 20～25块黄板为宜，高度以高出蔬菜生长点 5～10cm 为宜，当色板粘虫胶失去黏性随时更换。

12.3.3.3 注意事项

(1) 色板最好在害虫发生前期或初期，害虫数量极少时使用诱杀效果好，虫口密度容易控制，可以有效预防由害虫传播的病毒病。害虫数量较大时使用效果不佳。所以在栽植前安装防虫网，并对整个温室进行熏蒸消毒，杀灭室内病虫源，才能更好地发挥粘虫板的作用。

(2) 使用色板期间最好随着蔬菜生长不断升高设置高度，使色板始终高于蔬菜生长点，便于诱捕害虫。

(3) 保证色板在田间的设置密度，害虫的飞翔能力是有限的，是通过多次飞翔到达色板被诱捕的，色板太少，害虫不能到达就诱捕不到。

12.4 频振式杀虫灯应用

12.4.1 功能作用

(1) 诱杀害虫的种类多　频振式杀虫灯诱杀的害虫主要有鳞翅目、鞘翅目等7个目20多科40多种害虫，尤以鳞翅目、鞘翅目、直翅目、半翅目的害虫数量居多(见表1-12)，其中鳞翅目占诱杀总量的69.8%以上，斜纹夜蛾、棉铃虫、甜菜夜蛾、甘蓝夜蛾、地老虎、烟青虫等夜蛾科害虫又占鳞翅目害虫的75.2%。

表1-12　频振式杀虫灯诱杀害虫主要种类表

目	科	种
鳞翅目	夜蛾科	斜纹夜蛾、甜菜夜蛾、地老虎、烟青虫、棉铃虫、甘蓝夜蛾、银纹夜蛾
	菜蛾科	菜蛾
	螟蛾科	玉米螟、菜螟、豆荚螟、瓜绢野螟
	卷叶蛾科	大豆食心虫、大豆卷叶蛾
	天蛾科	豆天蛾、甘薯天蛾
鞘翅目	金龟甲科	铜绿丽金龟子
	天牛科	豆天牛
	象甲科	大猿叶甲、象甲

续表

目	科	种
半翅目	网蝽科	杜鹃花冠网蝽
	盲蝽科	绿盲蝽
直翅目	蟋蟀科	蟋蟀
	蝼蛄科	蝼蛄

（2）诱杀害虫的数量大　试验表明，平均每天每盏灯诱杀害虫几百至几千头。

（3）减少药剂防治的次数和用药量　据重庆市和山东省试验，使用频振式杀虫灯的比常规管理的每茬减少用药 2～3 次，用药量也相应减少，有利于减轻农药对蔬菜和环境的污染。

（4）益害比低　据山东省 4 个点试验统计，频振式杀虫灯诱杀的益害比≤1∶98.5。应用频振式杀虫灯益害比低，对天敌的伤害小。

（5）使用成本低　普通型号的频振式杀虫灯每晚耗电 0.5 千瓦时，仅为高压汞灯的 9.4%。

（6）操作方便　使用普通型号的频振式杀虫灯只需每天早、晚关灯、开灯即可，无需加水和洗衣粉或柴油；如选用光控型频振式杀虫灯，每天早、晚自动关灯、开灯，更为方便。

12.4.2　主要技术内容

12.4.2.1　频振式杀虫灯布局的方法

一是棋盘状布局。一般在实际安装过程中，棋盘状布局较为普遍，先在野外顺杆跑线，再进行分线布灯，便于维护、维修。为减少使用盲区，安装时还应呈梅花状错开。二是闭环布局。主要是针对某块危害严重的区域以防止虫害外延。无论采用哪种方法，都要以单灯辐射半径 80～100m 来安装，以达到节能治虫的目的，将灯吊挂在高于作物的牢固物体上，接通交流电源放置在害虫防治区域。

12.4.2.2　架线

根据所购杀虫灯的类型，选择好电源和电源线，然后顺杆架设电线，线杆位置最好与灯的布局位置相符。没有线杆的地方，可用长 2.5m 以上的木杆或水泥杆，按杀虫灯布局图分配好，挖坑埋紧，然后架线，绝不随地拉线，防止发生伤亡事故。

12.4.2.3 电源要求

每盏灯的电压波动范围要求在±5%之内,过高或过低都会使灯管不能正常工作,甚至造成毁坏。如果使用的电压为220V,离变压器较远,且当每条线路的灯数又较多时,为防止电压波动,最好采用三相四线,把线路中的灯光平均接到各条相线上,使每盏灯都能保证在正常电压下启动工作。另外需要安装总路闸刀,可以方便挂灯、灯具维修以及根据需要开关灯具。

12.4.2.4 挂灯

在架灯处竖两根木桩和一根横杆,用铁丝把灯上端的吊环固定在横杆上。也可以用固定的三脚架挂灯,这样会更加牢固结实,挂灯高度以1.2～1.5m为宜。对于有林带相隔的农田,应在接近林带的地边布灯,同时也要适当提高这些灯的架灯高度,以便诱杀田外的害虫。为防止刮风时灯具来回摆动和损坏,应用铁丝将灯具拴牢拉紧于两桩上或三角支架上,然后接线。接线口一定要用绝缘布严密包扎,避免漏电发生意外事故。在用铜铝线对接时要特别注意,防止线杆受潮氧化导致接触不良而不能正常工作。频振式杀虫灯安装完毕后,要保存好包装箱,以备冬季或变更布灯位置时收灯装箱使用。

12.4.2.5 管理和使用

频振式杀虫灯宜以村为单位安装,并进行集中管理和使用,每村应安排一名专职灯具管理员,具体负责灯具电源开关、灯具保管、灯具虫袋清理、灯管电网虫源清除等工作。频振式杀虫灯在双季稻区使用时间为全年5月到10月,每天19时到24时。

13 设施蔬菜栽培释放天敌昆虫防治害虫技术

13.1 害虫监测

苗期及定植后,采用色板监测或目测害虫种群发生情况,发现害虫即采用相应防治措施。

13.2 释放天敌昆虫防治害虫技术

13.2.1 防治粉虱类害虫

13.2.1.1 种类

温室白粉虱、烟粉虱等。天敌品种有丽蚜小蜂、东亚小花蝽、烟盲蝽、津川钝绥螨等。

13.2.1.2 释放技术

定植 7~10d 后，加强监测，发现害虫即可释放天敌。丽蚜小蜂按 2000 头/667m²，隔 7~10d 释放 1 次，连续释放 3~5 次；东亚小花蝽按 500 头/667m²，隔 7~10d 释放 1 次，连续释放 2~4 次；烟盲蝽在定植前 15~20d，按照 0.5~1 头/m² 在苗床释放，释放 1 次；或定植 15d 后，按照 1~2 头/m² 释放，连续释放 2~3 次，间隔 7d 释放一次；叶部撒施津川钝绥螨 100~200 头/m²，每周释放 1 次，释放 3 次。

13.2.2 防治蓟马类害虫

13.2.2.1 种类

棕榈蓟马、西花蓟马、葱蓟马、管蓟马等。天敌品种有小花蝽类、剑毛帕厉螨、巴氏新小绥螨、胡瓜新小绥螨。

13.2.2.2 释放技术

定植 7~10d 后，加强监测，发现害虫即可释放天敌。小花蝽类天敌按 500 头/667m²，隔 7~10d 释放一次，连续释放 2~4 次；根部撒施剑毛帕厉螨 100~200 头/m²，同时叶部撒施巴氏新小绥螨或胡瓜新小绥螨 100~200 头/m²，每 2 周释放 1 次，释放 2~3 次。

13.2.3 防治害螨

13.2.3.1 种类

朱砂叶螨、截形叶螨、二斑叶螨等。天敌品种有智利小植绥螨、加州新小绥螨、胡瓜新小绥螨、巴氏新小绥螨。

13.2.3.2 释放技术

定植 10~15d 后，加强监测，发现害螨即可释放捕食螨。叶部撒施智利小植绥螨 5～10 头/m²，点片发生时中心株释放 30 头/m²，每 2 周释放 1 次，释放 3 次；或叶部撒施加州新小绥螨 300～500 头/m²，每周释放一次，释放 3～5 次；或选择巴氏新小绥螨、胡瓜新小绥螨，释放方法同加州新小绥螨。

13.2.4 防治蚜虫类害虫

13.2.4.1 种类

桃蚜、瓜蚜、豌豆蚜、萝卜蚜。天敌品种有蚜茧蜂、瓢虫、草蛉、食蚜瘿蚊。

13.2.4.2 释放技术

定植 7～10d 后，加强监测，发现害虫即可释放天敌。蚜茧蜂按 2000～4000 头/667m²，隔 7～10d 释放 1 次，连续释放 3 次；瓢虫（卵）按 2000 头/667m²，隔 7～10d 释放 1 次，连续释放 2～3 次；草蛉（茧）按 300～500 头/667m²，隔 7～10d 释放 1 次，连续释放 2～3 次；食蚜瘿蚊按 200～300 头/667m²，隔 7～10d 释放 1 次，连续释放 3～4 次。

13.2.5 防治鳞翅目害虫

13.2.5.1 种类

小菜蛾、甜菜夜蛾、棉铃虫、斜纹夜蛾等。天敌种类有赤眼蜂类、蠋蝽、半闭弯尾姬蜂。

13.2.5.2 释放技术

定植 7～10d 后，加强监测，发现害虫即可释放天敌。赤眼蜂类按 20000 头/667m²，隔 5～7d 释放 1 次，连续释放 3 次；蠋蝽按 50～100 头/667m²，隔 5～7d 天释放 1 次，连续释放 1～2 次；半闭弯尾姬蜂按 150～300 头/667m²，隔 10～20d 释放 1 次，连续释放 1～3 次。

13.3 使用生物农药注意事项

当害虫发生量较多需迅速压低虫口数量，或天敌控制作用不足时使用生物农药。使用前需确定生物农药与天敌的兼容性，降低其对天敌的影响。通常在害虫点片发生或发生初期施药，优选微生物源或植物源杀虫剂、杀螨剂。粉虱类可选用矿物油、球孢白僵菌、藜芦碱等药剂，害螨类可选用矿物油、苦参碱等药剂，蚜虫类可选用除虫菊素、虫菊·苦参碱、苦参碱、鱼藤酮等药剂，蓟马类可选用多杀霉素、球孢白僵菌、金龟子绿僵菌等药剂，鳞翅目害虫可选用短稳杆菌、苏云金杆菌、印楝素、核型多角体病毒等药剂。

14 植物免疫诱抗技术

14.1 技术原理

植物在与病原体作斗争的长期过程中，形成了复杂的自我防卫系统，在分子生物学中，所有的植物都含有抗真菌、细菌和病毒的潜在基因，但其抗性基因所表达的速度和水平与环境对基因及其产物活性的影响都有着极大的关联。植物一旦受到病害的侵袭，就会通过各种代谢途径形成与抵抗病原有关的物质，产生不同程度的抗性，这就是植物系统抗性。

植物免疫诱抗技术是以植物免疫蛋白为主要免疫诱抗剂，配合使用壳寡糖、海藻寡糖、鱼蛋白等新型肥料以及芽孢杆菌新型微生物制剂，继而诱导自我防卫基因的表达，其表达产物再直接或间接杀死病原物，抑制病原物生长，实现作物产量和质量的提高。

14.2 免疫抗诱剂

14.2.1 植物免疫蛋白

植物免疫蛋白是一种新型、安全、高效的"新概念"植物免疫诱抗剂。它是一种来源于微生物的天然蛋白质，区别于传统农药、肥料、杀菌剂的作用机制，它基于细胞信号转导途径，从转变传统作用机制着手，作为植物细胞外的一类神奇的特种细胞外信号，它能够通过植物受体（主要是植株叶片受体）的信号传导，激活植物细胞内的信号物质，诱导植物自身多条信号通道的基因高效表达，激发和提升植物共有功能机制和潜能（生长发育、系统抗性、自我修复、营养输送）的高效表达。其作用机制主要体现在提高植株自身的病害防御能力和生长能力方面，能在促进作物产量和质量提高的同时，大量减少农药、杀菌剂和肥料的施用量。

14.2.2 壳寡糖

壳寡糖是由 2～10 个氨基葡萄糖通过 β-1,4-糖苷键链接而成的寡聚糖，是天然糖中唯一大量存在的碱性氨基寡糖。根据许多科学文献报道，壳寡糖具有增强免疫力等作用。

14.2.3 海藻寡糖

海藻寡糖含有多种天然的植物生长促进物质，能提高植物的光合作用功能，促进花芽分化、根系生长及着花、着果，能增强作物的抗寒、耐热、抗虫、抗病能力，因此可以提高作物产量和品质（糖度高、色泽漂亮、个头大），并可使作物提早采收。

14.2.4 鱼蛋白

本品为天然液体发酵微生物制剂，是一种绿色环保、作用机制独特，功效广泛的新型微生物功能性肥料。

14.2.5 芽孢杆菌

芽孢杆菌选用高活性复合菌株，经特殊工艺发酵产生包含脂肽在内的多种短肽次级代谢物，能有效地抑制或杀灭病原菌，同时介导与病原体相关的植物防御体系发挥作用，从而促进作物生长，是一种绿色环保、功效广泛的新型微生物制剂。

14.2.6 阿尔比特

阿尔比特是俄罗斯科学家们在俄罗斯高寒地区极端恶劣气候条件下，历时 30 多年，根据营养免疫学与自然生态学原理，从土壤中筛选出芽孢杆菌和假单胞菌，经生物发酵开发的纯天然植物功能性营养剂高科技生物产品。阿尔比特具有生物制剂的特点，能平衡作物营养，促进植物酶的代谢，增强作物自身免疫功能、诱导植物抗灾，促进生长，改善农产品品质，减少化肥、农药用量，能替代具有这一应用效果的化学品。

14.3 植物诱抗技术应用

利用植物诱抗技术进行生产及病虫害防控，以番茄为例介绍如下。

14.3.1 定植前

沟施撒药土。定植前每 667m² 用 30 亿个枯草芽孢杆菌/g 可湿性粉剂 1kg 拌成药土。

14.3.2 定植

19%溴氰虫酰胺（大禾赞）50mL+25%嘧菌酯（阿米西达）10mL+阿尔比特 2mL+15kg 水配成溶液，在移栽前一天全株喷透（2000～3000 株苗），用去掉喷头的喷雾器喷淋。

14.3.3 定植至第一穗果坐住

（1）缓苗水。随水施枯草芽孢杆菌 2.5L+海藻寡糖 500g。

（2）定植后 10d 内用超敏蛋白 15mL+阿尔比特 2mL+壳寡糖 20mL+虫螨腈+15kg 水喷施。

（3）10d 后再一次喷施。

（4）如果缺水，滴灌时加上。

（5）番茄蘸花药中加入阿尔比特，一次 2mL。

14.3.4 第一穗果坐住至采收

（1）第一次滴灌：（20∶20∶20+TE）平衡水溶肥+枯草芽孢杆菌 2.5L+海藻寡糖 500g+阿尔比特 4mL。

（2）超敏蛋白 30mL+阿尔比特 4mL+壳寡糖 40mL+30kg 水喷雾，每 10d 一次（如需打农药可放在一起）。

（3）之后用高钾型水溶肥。

（4）枯草芽孢杆菌 2.5L+海藻寡糖 500g+阿尔比特 4mL 与水溶性肥每个月一次。盛果期可根据生长势适当加入晶体二铵，防止植株早衰。

15 异常灾害天气设施农业防灾减灾技术

15.1 冬季异常天气设施农业防灾减灾技术

冬季日光温室栽培，由于冷空气活动频繁，常常遭遇低温、冰冻、大风、雨雪等突发性恶劣天气。2007年3月3日至4日，辽宁省朝阳市遭受的特大暴风雪就是一个比较典型的例子。因此，掌握冬季各类自然灾害防灾减灾技术对确保作物安全越冬生产、实现设施农业高产高效具有重要意义。

15.1.1 冬季常发灾害性天气的种类及造成的危害

15.1.1.1 大风天气

白天出现大风天气，由于棚室空气内压大，外压小，随风力变化棚膜会上下摔打，造成棚膜破损，如果发现、处理不及时，会造成棚膜撕裂，形成大揭盖，使作物受害。夜间出现大风天气，容易把草苫吹得七零八落，使前屋面棚膜暴露出来，加速棚室散热，发生冻害。

15.1.1.2 暴风雪天气

此种天气会造成阴天寡照，降低棚内温度，并常伴有风灾。

15.1.1.3 寒流强降温天气

主要会导致温室热能损失，使作物遭受低温危害。

15.1.1.4 连阴天和阴后骤晴天气

连阴天气会导致热能损失，温度下降，同时由于光照不足，会影响光合产物的积累。

以上四种天气常常相伴而来，对设施作物生产构成严重威胁。

15.1.2 灾害性天气下棚室管理办法

15.1.2.1 灾害性天气发生前

（1）时常关注天气预报，灾害性天气来临之前做好相应准备工作。

（2）及时修理破损的棚膜、通风口及棚门等。

（3）大风来临前，关闭温室的棚门及通风口。

（4）及时检查、更换和拉紧压膜线或压条，使棚膜绷紧并且附在骨架上。及时修理损坏的骨架。

（5）下雪前，将温室前面清理干净，预留出足够的空间存放扫下来的积雪。

（6）如果有特大雪灾预报，则应在骨架（尤其是竹木结构温室）的薄弱处临时添加支柱。

（7）低温寒流来临之前，要提前预备加温设备或材料。

15.1.2.2 灾害性天气发生期间

（1）大风期间要随时检查棚室压膜线、压膜地锚等棚膜固定物的状况，发现问题及时处理，及时固定被风掀起的棚膜。

（2）雪下得较少时，可从棚上往下扫；如果雪大，要及时打扫棚前的积雪，然后再扫上面的，这样不至于温室前底角受力过大而压塌骨架。

（3）使用卷帘机的，建议在草帘上覆盖一层塑料或彩条布，这样有利于除雪和减少草帘吸湿而增加重量。同时，尽量选用带手动装置的草帘机，防止灾害性天气后的大停电。

15.1.3 灾害性天气下作物管理技术

灾害性天气下的作物管理技术包括光照、温度、湿度、灌溉、病虫害防治等五个方面。

15.1.3.1 光照

光照是作物生长发育和物质积累的基础，充足的光照是作物取得优质高产的前提。

（1）连续阴天期间　只要温度不是很低，就要揭开草帘或揭开半帘（用卷帘机），如有短时阳光，棚内温度就会升高。温室后张挂反光幕，阴天也会起到增光及提温作用。保证温度的前提下，上午尽量早卷草苫，下午晚放草苫。白天设施内的保温幕和小拱棚等保温覆盖，也要及时撤掉。连续阴天应及时补光（参照光照调节）。

（2）久阴放晴后草帘不可一下全部揭开，要揭花帘　草帘揭开后随时观察，发现植株萎蔫说明见光太多，应适当减少光照。处理时间取决于连续阴天持续天数，一般连续阴2~3d，处理1d就可以了，阴天过长，要视植株状况而定。

（3）雪停后，立即清除积雪，让作物早点见光　天晴后，应比往常揭草帘提前一点，这样可以使作物在较低温度下适应强光条件。

（4）加强作物管理　及时整枝抹杈，摘除老叶，加强通风透光。

15.1.3.2 温度

除前面讲过的减少缝隙散热，设施密封要严实，薄膜破孔以及墙体的裂缝等要及时粘补和堵塞严实等方法外，还应做好增加光照，以光补热；塑料薄膜多层覆盖；临时加温等措施（参照温度调节）。

15.1.3.3　湿度调控及水分管理

主要目的是避免室温及地温降低，应降低棚内湿度，减少病害发生。

（1）空气湿度调控　通风排湿　雪后要注意通风，降低棚内空气湿度，提高作物抗寒能力；合理使用农药和叶面肥。连续阴天，设施内尽量采用烟雾法或粉尘法使用农药，不用或少用叶面喷雾法。

（2）土壤湿度调控　灾害性天气过后，尽量缓浇水，使根系恢复活力后再浇水，否则易造成沤根死苗。连续阴天，能不浇则不浇，需要浇时尽可能少浇，可采取浇小水或隔沟灌水的方式，避免因浇水过多造成室温及地温降低。浇水过后，中午应根据温度情况进行适当通风，降低室内湿度。

（3）作物栽培应急管理

① 弱光条件下，要尽量采用农用补光措施。

② 连续阴天时，化肥，特别是氮肥不能施用过多。氮肥要深施。最好加强叶面肥喷施。

③ 加强病害防治。一旦作物受到低温冷害要科学调控作物生长，促进植株机能恢复正常。对雪后已受轻微冻害或冷害的蔬菜作物要采取草苫遮光措施，避免阳光直射，使植株生长得到缓慢恢复，以免出现植株急性萎蔫或畸形生长。对因降雪期间没有及时揭苫而受低温影响的作物，要喷洒芸苔素内酯等生长调节剂或喷施活力素、0.3%尿素加1%葡萄糖等叶面肥调节生长；施用锌、钙肥灌根促发新根，恢复植株生长势。如果在此期间发生病害要合理使用化学农药，选择烟剂熏蒸或粉尘法施药。

15.2　日光温室抗涝生产技术

15.2.1　及时排出日光温室积水

对温室内有蔬菜、水果、花卉作物的温室要尽早排涝，防止作物窒息死亡或早衰。温室外要加快沟渠清理，及时做好田间秧棵、杂草的清理，修复完善排水设施，尽快将积水疏通排泄。

15.2.2 加强田间管理防止早衰

(1)"涝浇园" 对于正在进行生产的温室要抓紧排涝后灌井水降温,数天后土壤有见干趋势还要及时浇灌井水。要防止雨水的再次侵入,雨天要及时关闭棚膜放风口。

(2)加强追肥管理 土壤浇水后,要追施三元复合肥,如下部叶片已经明显淡绿,要尽快追施氮肥,可亩施尿素5~8kg。植株因内涝造成根部功能严重下降的,最好进行叶面追肥,可叶面喷施0.2%磷酸二氢钾+0.3%尿素,提倡加入400倍液卢博士生物肥等,必要时可加入0.2%硫酸锌。

(3)切实做好病虫害防控 要特别加强对疫病、病毒病、根腐病和霜霉病的综合防控工作,控制潜叶蝇、螨虫、棉铃虫、蚜虫等害虫危害和草害。

15.2.3 泥中抢种、播种

为提高棚室利用率,可提早泥中抢种,也可在空闲期种植一茬作物。播种时,手拄竹竿或木杆,按株距打埯,向埯中撒施潮土,然后播种黄瓜、菜豆等作物,之后覆土。也可抢种秋大白菜、青食玉米、青毛豆及多种叶菜。定植温室大棚秋番茄秧苗,可以先按照株行距摆放在垄沟中,暂时不覆土,待几天后具备覆土条件时再覆土起垄。

15.2.4 实施集约化育苗

受灾地区提倡大面积委托育苗中心育苗,还可以利用高燥地块的温室进行育苗。有条件的可采用穴盘育苗、营养块育苗等,培育健壮秧苗。根据茬口特点,进行越冬栽培和长季节栽培的果菜类蔬菜秧苗应采取小苗定植,不可追求现蕾大苗。

15.2.5 实施排盐与高温消毒工作

对当前没有栽培作物的棚室,内部积水可不向外排出,让其自然下渗,实现向地下洗盐、排盐。同时,修补棚膜,将温室密闭,使温室产生高温消毒。在土传病害比较严重的地块,建议按照20~40g/m²的用量施用98%棉隆(隆鑫),或按照120~150g/m²的用量施用氰氨化钙(又称石灰氮），有条件的地块，每 667m² 施入铡碎稻草（长度小于 3cm）500kg、未腐熟农家肥 1～2m³，旋耕后在地表铺地膜或旧棚膜，闭棚 15～20d。

15.2.6 提高日光温室防涝能力

要提高日光温室的日常防涝抗涝能力意识。

（1）单个温室的防护生产　温室单体防护可在沿温室前底角外部埋防灾板，即把厚 3～6cm、宽 60～80cm 的聚苯乙烯泡沫板，用旧棚膜包裹后埋入土中，发挥夏季防雨、冬季保温的效果；同时温室大棚外可在山墙两侧和棚室南侧挖排水沟，沟底要低于棚室地面高度，使棚室内外的积水及时排出。

（2）小区整体防雨排涝　小区主干道两侧要设置排水沟渠并确保畅通。降雨增多时，要组织人员随时排查，防止污泥拥堵，产生洪涝。

16　设施蔬菜栽培机械化设备应用

16.1　整地机具的选型与应用

16.1.1　小型微耕机

16.1.1.1　小型微耕机的结构及工作原理

小型微耕机主要由扶手架、机架、阻力杆、柴油机、变速箱、行走轮、驱动轴、旋耕组件等组成。工作时柴油机动力通过变速箱传递给驱动轴使驱动轴旋转，从而带动固定在驱动轴上的旋耕组件旋转，并由扶手架控制方向，阻力杆控制耕深，以完成土地的耕作。

16.1.1.2　使用优点

结构简单，使用方便，转弯半径小，操作灵活，能减少棚内土地漏耕现象。短途运输时安装能充气的橡胶运输轮，工作时将运输轮卸下，换上旋耕组件。

16.1.1.3　使用缺点

依靠阻力杆和人工控制耕深，对操作者的体力消耗较大。

16.1.2 中型微耕机

16.1.2.1 中型微耕机的结构及工作原理

中型微耕机主要由扶手架、机架、柴油机、变速箱、行走轮、主轴、旋耕组件等组成。工作时柴油机的动力通过变速箱传递给驱动轴和主轴，使其转动，从而带动固定在驱动轴上的行走轮和固定在主轴上的旋耕组件旋转，并由扶手架控制方向和耕深，以完成土地耕作。

16.1.2.2 使用优点

配套动力较大，工作效率较高，旋耕组件安装在行走轮后面，容易控制耕深，并有橡胶充气行走轮，行走自如。

16.1.2.3 使用缺点

结构较大，大棚内的边角旮旯旋耕组件不能到达，因而产生漏耕。

16.1.3 开沟旋耕两用机

16.1.3.1 开沟旋耕两用机的结构及工作原理

该机主要由扶手架、机架、发动机、变速箱、行走轮、主轴、开沟组件、旋耕组件等组成。工作时发动机的动力通过变速箱传递给驱动轴和主轴，使其转动，从而带动固定在驱动轴上的行走轮和固定在主轴上的旋耕组件旋转，并由扶手架控制方向和耕深，以完成土地耕作和开沟。

16.1.3.2 使用优点

结构紧凑，一机多用，后面的行走轮能起到限制耕深的作用，容易操作，既能对地面进行旋耕，又能在畦面上开沟，用于温室内秸秆生物反应堆应用技术，也能用于为大田开灌溉水沟，配上播种斗还能进行大田播种。

16.1.3.3 使用缺点

整机长度比小型微耕机长，横向稳定性不如小型微耕机。

通过以上三种机具的优缺点对比，总体看，小型微耕机和开沟旋耕两用机优点较多，建议购机户在购买微耕机时，选择小型微耕机或开沟旋耕两用机。

16.2 蔬菜秸秆粉碎还田机应用

16.2.1 技术优点

蔬菜秸秆还田可解决蔬菜废弃物随意堆放、丢弃而污染环境的问题；提高土壤有机质含量，破除土壤板结；改善棚室土壤理化性状，克服连作障碍，利用蔬菜秸秆＋氰氨化钙土壤消毒＋高温闷棚15～20d效果更佳。

16.2.2 技术要点

秸秆粉碎还田机工作幅宽小于150cm，主动力侧偏30cm，利于在棚内作业。

秸秆粉碎前，把上茬作物秧子放倒平铺在棚内，不要拔除根系，新鲜秸秆易于打碎，蔬菜秸秆粉碎后，用旋耕机把碎蔬菜秸秆旋入土壤中，深度30cm以上为宜。

16.3 大棚卷帘机具的选型及应用

16.3.1 大棚卷帘机的种类

16.3.1.1 后墙固定式卷帘机

后墙固定式卷帘机又叫后卷轴式、后拉式或拉线式大棚卷帘机，各地叫法不一。该类型卷帘机由主机（由变速箱和电动机组成，下同）、卷杆和立柱（或支架）三大部分组成，造价较低。工作原理是通过主机转动卷杆，卷杆缠绕拉绳，拉绳拉动草帘或保温被，以实现草帘或保温被的卷起。放落草帘或保温被时，放松拉绳，利用其自身重量沿棚面坡度滑落而下。

16.3.1.2 棚面自走式卷帘机

棚面自走式卷帘机又叫前屈伸臂式大棚卷帘机。由主机、支撑杆、卷杆三大部分组成，造价较高。又根据该大棚卷帘机支撑杆的不同，分为支架式大棚卷帘机和轨道式大棚卷帘机。前者的支撑杆由立杆和撑杆两部分组成，后者的支撑杆由加固三脚架组成的轨道式滑杆组成。棚面自走式大棚卷帘机的基本工作原理是通过主机转动卷杆，从而带动固定在卷杆上的草帘或保温被转动，以实现草帘或保温被的卷放。因为该种机型的安全性高,是目前应用较为广泛的一种卷帘机类型。

16.3.2 大棚卷帘机优缺点

大棚卷帘机可减轻人工拉放草帘或保温被的劳动强度,省工省力。通过"早揭晚盖",增加棚内光照时间,提高棚温,利于蔬菜生产。不同类型优缺点如下。

16.3.2.1 后墙固定式卷帘机

(1) 优点 卷帘机主体结构简单,固定支架可自己购买三角铁焊接,安装简便。相对于棚面自走式大棚卷帘机,造价低。因其机箱在后墙上,放落草帘或保温被后,棚面无障碍物阻隔,故使用一幅塑料薄膜作"浮膜"即可,并且可连通草帘或保温被一起拉放。

(2) 缺点 由于该类型卷帘机所需拉绳较多,并且均在草帘或保温被之上,在其使用过程中,一旦卷入操作人员的衣服(冬季多穿大衣),或被拉绳缠住手指,往往造成人身事故,安全隐患较大。另外,由于每条绳子受力不均,使用一段时间后,松紧不一,需经常调整绳子松紧,且差不多每年都要更换一次拉绳。另外,该类型卷帘机的支架有的埋设在了蔬菜大棚的后墙顶面上,时间一久,对后墙破坏较大,或雨水侵蚀后墙,造成坍塌。因此,不提倡使用。

16.3.2.2 棚面自走式卷帘机

(1) 优点 ①安全可靠。解决了过去使用后拉式卷帘机,因不注意被拉绳缠绕,造成人身事故的问题;同时,手持倒顺开关,较远距离操作,不易发生伤人事故。②工作效率高,省时。如一个100m长的蔬菜大棚,拉、放分别需7min和4min。③安装拆卸方便。卷帘机卷杆由法兰盘连接,一般为6m一段,在不使用时可随时拆卸。④无刹车隐患。如有的卷帘机采用了电磁刹车,具有刹车缓冲性能,即便遇到雨雪天气或突然断电等特殊情况,也能保证安全。

(2) 缺点 棚面自走式卷帘机中支架式卷帘机不适合于高压线路下的蔬菜大棚,但可应用轨道式卷帘机,因其高度仅比大棚棚顶高2m。

16.4 放风设备的应用

16.4.1 滑轮简易放风设备

安装滑轮放风,操作简单,省工省力,风口大小可以任意调整。每延长 100m 的温室需要 48 个滑轮,每个 0.6 元,连同固定设施,造价不足 50 元。具体方法:每 3 个滑轮一组,在棚内两个骨架间放两个,顶部压膜线上放一个,穿上绳拉拽即可调节。

16.4.2 自动放风设备

16.4.2.1 技术概述

通过温度探头感应棚内温度变化,风口开关,可实现自动化控制,根据棚内空气温度自动调节风口的开口大小,同时可预判棚内的温度走势,提前预防温度骤增或骤减,从而达到温度恒定的目的,并可按作物生长规律,设置达到指定的温度,自动执行开关的操作。

16.4.2.2 技术优点

(1) 灵活调节温度 可灵活创造适宜不同农作物生长的温度条件,对于作物的生长环境进行参照性调节,从而进一步实现作物高产增效的目的。

(2) 节省人工、降低成本 自动放风机可实现对温室的温度控制,大大节约劳动力及成本,提高生产效率。

(3) 种植作物损失大大减少 采用智能测控系统进行辅助种植,可保证棚室内温度处于恒定状态,对于环境要求较高的作物可以有效避免因人为因素而带来的损失。

16.4.2.3 技术要点

(1) 硬件接线 电源为 24V;传感器接线顺序是红黑绿黄;报警器为蜂鸣器。

(2) 探头位置 作物探头安装在作物上方 10cm 处。低温探头安装在风口北 10cm 棚膜的下方 10cm 处。高温探头安装在风口南 20cm 棚膜下方 20cm 处,光敏探头朝南。

16.5 秧苗及果菜输送机的选型及应用

温室大棚悬挂运输机有两种,一种是以电动机为动力,叫电动秧苗及果菜输送机;另一种是以人为动力,叫人力秧苗及果蔬输送机。

16.5.1 电动秧苗及果菜输送机

16.5.1.1 特点

电动秧苗及果菜输送机可用于向棚内输送肥料、农药、秧苗,也可向棚外输送蔬菜瓜果及秸秆等。由单相电机驱动，可以手控，也可以远距离遥控。具有结构简单、工作可靠、操作容易、效率高、使用维护方便等特点，是从事设施农业的农户理想的棚内运输机具。

16.5.1.2 主要结构及工作原理

该机主要由运输机、轨道、轨道挂接架、钢丝绳、导向轮总成、运输轮、减速机、三角带、皮带轮、电动机、电控箱、遥控器、电机座、电机挂接架等组成。运输时，电控箱接通电源，遥控器按正向按钮，电动机转动，通过三角带带动减速机转动，当减速机上的运输轮逆时针方向旋转带动钢丝绳移动时，运输机向右运动，反之，运输机向左运动，从而实现装在运输机上货物的运输。

16.5.1.3 对大棚结构的要求

大棚必须是钢骨架砖混结构，其龙骨架应每隔 0.75m 一副，连接横梁用壁厚 2.5~2.75mm 的 4 分管，三角斜拉用 ϕ12 钢筋固定，龙骨架上弦用 ϕ15 钢管，壁厚 2.5mm，下弦用 ϕ12 钢筋，三角拉筋用 ϕ12 钢筋；大棚顶靠墙一侧的直龙骨架与地面成 42°角，上弦上面均布三道 ϕ16 钢筋作横梁。

16.5.1.4 注意事项

（1）禁止儿童或智力障碍者操作机器；
（2）禁止没有经过培训的人员开动运输机；
（3）禁止运输机超负荷工作；
（4）所有与轨道、挂接架等铁器接触的导线必须穿塑料护管；
（5）电动机外壳必须接地；
（6）电线接头处必须用绝缘胶带缠好；
（7）遥控器、电控箱、电动机内禁止进水；
（8）使用的刀闸防护盖必须完好。

16.5.2 人力秧苗及果蔬输送机

16.5.2.1 主要结构及工作原理

人力秧苗及果蔬输送机主要由运输机、轨道、轨道挂接架等组成。运输机通过上面的两个滑轮挂结在轨道上，运输机下面平板上放上需要运输的物品后，人工推动运输机在轨道上来回行走，以实现货物的运输。

16.5.2.2 使用优点

造价低，用户可以自行制作。

16.5.2.3 使用缺点

靠人力推动，工作效率低。

16.6 黄瓜半自动落秧应用技术

在每个栽植垄上，顺垄向在植株上方，中柱距地面垂直1.8～2m处（前端略低），用一根4分薄壁钢管，长度与垄等长，在钢管上按株距沿同一方向用绳（7～8m长）缠绕吊蔓，通过8号铁丝固定在棚架上，在靠墙过道一端打槽，做一绕把，绕把卡点卡槽，转动绕把，所在垄即可同时落秧，一般每垄用时仅需十几秒，大大提高了工作效率，且落秧幅度自由掌控，可随时调控群体受光条件，保持良好的光合作用（图1-10）。

图1-10　黄瓜半自动落秧

应用半自动机械落秧，棚长100m的薄壁铁管和吊线的实际投入在2000元左右，设备可连用10年以上，每年使用成本只需200元。该技术改变了传统单株落秧的模式，解决了黄瓜单株落秧的繁重体力劳动和效率低下的问题，从而达到降低生产成本和提质增效的目的。

16.7 弥粉机应用技术

16.7.1 技术优点

弥粉机是专门用于大棚喷粉的机器，在大棚内直接喷粉，不仅能够解决大棚高湿环境下无法打药的难题,也大大降低了棚内湿度,还能通过全棚弥漫的药粉,有效地预防和治疗各种病害,同时这种喷粉的施药方式还大大降低了棚户的喷药劳动强度,省时又省力。

(1) 动力强,射程远,主风机负载转速达到15000r/min,射程8~10m。

(2) 控粉精准,弥散性好,弥粉机可以调节出粉量和风力,药粉喷出后成迷雾状,可以弥散飘浮1~1.5h。

(3) 省时省力,大棚施药时间每亩3~5min。

(4) 药剂利用率高,经过机器处理后,喷出的药粉带静电,可均匀地吸附在作物叶片正反面,比传统喷雾提高农药利用率30%。机器重量为5kg。

16.7.2 技术要点

(1) 喷粉前棚室的准备　喷粉前关闭棚室的通风口,检查棚室的棚膜,尽量确保棚室的密封效果,棚膜有小块破损对微粉颗粒无影响。

(2) 喷粉机的调整　使用精量电动弥粉机,根据防治靶标将药剂混合好后装入喷粉机的药箱中,根据棚室大小调节出粉量和速度按钮,注意药箱内不可有水或湿气。

(3) 喷洒方法　日光温室内喷粉,要从温室的最里端开始,操作人员站在过道上,边退边喷粉,直至退出门外,关好门。由于微粉颗粒粒径较小,因此可在空气中呈现"布朗运动"。由于这种特殊运动形式的存在,粉体能够在空气中飘浮很长时间,使微粒分散得比较均匀,能达到很好的分布效果。

(4) 喷粉时期　弥粉法施药应遵循"预防为主、综合防治"的植保方针,应在病害发生前或发生初期开始施药,根据病情每隔7~10d喷1次,可以有效控制田间病情指数,节省用药。

(5) 喷粉的适宜时间　施药最好在早晨或傍晚放风前1h或闭风后进行。如在傍晚进行施药,应趁闭棚前棚内能见度高的时候喷粉,这样方便操作,喷粉结束后即可放下草帘或保温被。晴天的中午应避免喷粉,因为在强光高温下叶面温度升高,粉粒在叶片上的沉积率较低,在阴雨天任何时间均可喷粉。

(6) 最适喷粉量　不同设施类型,不同生育期,不同作物,不同施药方式，其施药量不同，药剂在作物叶片上的附着量也会不同。所以为了达到更好的防治效果，弥粉法施药要充分考虑各个因素，否则就会出现由于施药量过大造成药害或由于施药量不足造成防效不佳的现象，苗期建议总喷粉量控制在每亩30～50g，成株期建议总喷粉量控制在每亩80～150g。

16.7.3 注意事项

喷粉时必须把微粉剂均匀地喷到棚室的空间内，不宜把喷粉管直接对准作物，以防损害作物；喷粉结束3h待药剂颗粒完全沉降，并打开棚室的门及风口通风后，方可进入；操作时应遵守农药安全操作规程，要求穿长袖工作服，佩戴风镜、口罩及防护帽，工作结束后必须清洗手脸及其他裸露体肤，工作服也应清洗后备用。

16.7.4 防治对象

（1）真菌病害主要包括灰霉病、霜霉病、白粉病、蔓枯病、棒孢叶斑病、炭疽病、黑星病、早疫病和晚疫病等。

（2）细菌性病害主要包括黄瓜细菌性角斑病、辣椒疮痂病和番茄细菌性斑点病等。

（3）害虫主要包括蚜虫、粉虱、蓟马、潜叶蝇、螨类等。

第2章 日光温室蔬菜生产标准化

1 日光温室黄瓜长季节栽培技术规程

1.1 范围

本标准规范了日光温室黄瓜长季节栽培的定义、产地环境、栽培技术、病虫害防治、采收、包装、运输及生产记录。

本标准适用于日光温室黄瓜长季节生产。

1.2 规范性引用文件

下列文件对于本文件的应用是必不可少的。凡是注日期的引用文件，仅所注日期的版本适用于本文件，凡是不注日期的引用文件，其最新版本（包括所有的修改单）适用于本文件。

GB16715.1 瓜菜作物种子 第1部分：瓜类
GB/T 8321 农药合理使用准则
GB/T 33129 新鲜水果、蔬菜包装和冷链运输通用操作规程
NY/T 1276 农药安全使用规范 总则
DB21/T 1801 黄瓜适龄壮苗生产技术规程
DB21/T 2990 日光温室植物生长灯应用技术规程
DB21/T 2994 设施栽培生产记录档案管理规范

1.3 术语和定义

日光温室黄瓜长季节栽培。指一年只生产一大茬的日光温室黄瓜生产

模式。通常 8～9 月份播种育苗，9～10 月份定植，11～12 月份开始采收，一直收获到翌年 6～7 月拉秧。

1.4　产地环境

选择空气清洁，地下水及土壤无污染，远离工业区，农业环境生态条件好的区域。

1.5　栽培技术

1.5.1　日光温室

选用第三代高效节能日光温室，位于北纬 40°～42°，跨度 8～10m，脊高 4.7～5.9m，后墙高 3.2～3.8m，后屋面水平投影 1.5～2.3m。

1.5.2　品种选择

选择耐低温弱光，长势中等，不易早衰，结成性高，抗逆抗病性强的品种。砧木品种选用亲和力强、抗土传病害、对接穗品质影响小的品种，多选用白籽或黄籽南瓜。种子质量要符合 GB 16715.1 要求。

1.5.3　育苗

宜用嫁接秧苗。秧苗培育参照 DB21/T 1801。壮苗标准为苗龄 30d，株高 15～20cm，节间 5cm 左右，叶片 3～4 片，叶片油绿而厚，根系发达。

1.5.4　定植前准备

1.5.4.1　整地施肥

根据温室栽培年限，每 $667m^2$ 施充分腐熟发酵的农家肥 4～15m^3（鸡粪 4～5m^3，猪粪 5～6m^3，羊粪 10～12m^3，牛粪 12～15m^3），或生物有机肥料 400～500kg。另施 N、P、K 三元复合肥（15∶15∶15）50～100kg。有条件的可用煮熟发酵好的黄豆每 $667m^2$ 施 100kg。所有肥料均匀撒施，然后旋耕或深翻 30cm 左右。

1.5.4.2　装防虫网

温室安装防虫网，上通风口 50 目，下通风口 60 目。

1.5.4.3 温室及土壤消毒

（1）温室消毒　定植前15d，温室覆膜后，高温闷棚5～7d，并用硫黄熏蒸。方法是：每667m²用80%的敌敌畏乳油250mL、3～4kg硫黄粉和适量锯末混合，每隔10m放一堆，从里向外逐渐引燃，熏蒸一昼夜，放风至无味后定植。

（2）土壤消毒　根据前茬作物病虫害发生种类及轻重选择药剂。如每667m²用80%噁霉·福美双可湿性粉剂1kg+86.2%氧化亚铜可湿性粉剂1kg，土壤深翻后，整地作畦浇大水，随水将药剂浇灌到土壤中。

（3）温室及土壤消毒　每年6～7月前茬作物拉秧后，利用到黄瓜定植前60～70d高温休闲期进行氰氨化钙+秸秆消毒。方法是：每667m²施入土壤60～80kg氰氨化钙和1000kg粉碎秸秆，然后深翻起垄，浇大水，覆盖旧棚膜或地膜，四周封闭，并密闭温室30d左右。

1.5.4.4 作畦

高畦双行栽培。畦高20cm，畦面宽90cm，过道宽40cm；高畦单行栽培，畦高20cm，畦面宽60cm，过道宽40cm。在定植前7～10d，浇透水造墒。安装滴灌带，每行2根。

1.5.5 定植

1.5.5.1 秧苗蘸根

秧苗定植前，每15kg水兑30%氯虫·噻虫嗪10mL（或用35%噻虫嗪悬浮剂10g）+62.5g/L精甲·咯菌腈10mL，或用25%嘧菌酯悬浮剂2500倍液蘸根。

1.5.5.2 定植方法

根据品种特性每667m²定植3500～4000株。双行栽培按照大行距80cm，小行距50cm开沟，沟深10cm，株距26～28cm。单行栽培在畦中央开沟，沟深10cm，株距14～16cm。定植深度以营养坨面与畦面相平。

1.5.6 田间管理

1.5.6.1 9～11月秋季适温期管理

（1）缓苗炼苗　定植后浇透缓苗水，4～5d后再浇水1次。之后控水通风降温，进行炼苗，直到新叶呈深绿透黑色时，方可再次浇水。每次随水冲施促进根系发育的有机型水溶肥，如甲壳质、鱼蛋白、核苷酸、海藻酸、腐植酸、黄腐酸等。

(2) 中耕覆膜　根据墒情，每5～7d中耕一次，连续2～3次，保持上干下湿，上松下实的土壤环境。定植后15～20d覆盖地膜。

(3) 控秧促瓜　缓苗后，采取大温差管理，防止高夜温。白天温室温度维持在32℃左右，升到35℃放风，下午温室温度降至18℃时覆盖保温被。早晨打开保温被时温度保持在10～12℃。植株10片叶以下不留瓜，若植株长势弱，则留瓜部位要适当上移。

(4) 结瓜初期管理　定植后45d左右进入结瓜初期。当瓜长15cm、瓜把发亮时，开始追施膨瓜肥，每667m^2施黄腐酸钾15～20kg［黄腐酸含量≥50%，全氮(N)含量(以干基计)≥3.0%，全磷(P)含量≥0.4%，全钾(K_2O)含量≥11.7%］。采用低温管理方法，上午温度保持25～27℃，下午20～22℃，夜间13～15℃。晴天上午适时放风。第1次肥水后10d左右浇第2次水并随水施肥。

(5) 病虫害预防　此期易发生白粉病、霜霉病，要及时预防。同时悬挂黄、蓝板，进行物理防虫。

1.5.6.2　12月～翌年2月冬季低温期管理

(1) 温湿度管理　采取高温管理，温室温度达到36℃以上时顶部放风，降到32℃关闭风口。此阶段放风主要作用是排湿，放风时间要短，半个小时左右，以防止冷空气下沉降低地温。空气相对湿度保持在85%以下，湿度一次排不净可分多次放风排湿。下午温室气温20℃时盖保温被，前半夜适宜温度为15～20℃，后半夜适宜温度为10～13℃，早晨打开帘时温度不低于8℃。出现连续阴雪天和严寒天气温室温度无法保证时，可临时加温，如用增温块加温、火炉加温、热风炉加温、电加温等。

(2) 光照管理　尽量早揭、晚盖保温被，延长光照时间。经常擦拭冲洗棚膜，或在棚膜上安装清洁布条，提高透光率。在温室后墙挂反光幕。调整植株架面结构呈正"V"字形。及时打掉植株下部的病叶、老叶。光照最弱期间，光照强度应保持在3000lx以上。可安装补光灯，安装使用方法参照DB21/T 2990。

(3) 水肥管理　正常天气情况下15d浇水1次，浇水宜在晴天10～12时进行，不能浇大水。特别寒冷的天气可推迟2～3d，待气温稍有回升时再浇水。随水施用腐植酸、海藻肥、酵素菌类等肥料。可增施二氧化碳气肥，可选用颗粒气肥坑埋、化学反应、吊袋式二氧化碳气肥发生剂三种方法。

(4) 植株调整　及时摘除侧枝、老叶、病叶、雄花、卷须和多余的雌花。瓜秧长到1.8m左右落蔓，降至1.5m左右，提倡少落勤落。如出现弯瓜，可采用小石块物理拉直，一般在幼瓜坐住后发现弯曲时悬挂。适当疏瓜，采取"一花一瓜纽一瓜"的留瓜结果方式，即下部留1个中等半成品瓜、中部留个小青瓜、上部留个刚发育的幼瓜，当下部瓜可以采收时，在小青瓜上部再留1个幼瓜。按成熟度由下而上采收，以此类推。

(5) 灾害性天气管理　连续阴雪天过后，天气乍晴，突遇强光和升温，温室温度不能骤然升高，要间歇打帘或者打花帘。给叶面喷清水，适当增加棚内湿度，提高地温。叶面喷施多元微肥、生物菌肥、0.3%的磷酸二氢钾和1%红糖等补充黄瓜植株营养，提高抗性。

(6) 病虫害预防　除秋冬期病害外，灰霉病、黄点病、低温冷害、瓜打顶以及其他药害、肥害成为重点，要注意识别并加强防治。

1.5.6.3　3~5月春季适温期管理

(1) 温光管理　气温回升后，温度恢复正常管理，保温被早揭晚盖，上午温度保持29~30℃，达到32℃时放风，下午加大放风量，降低温室气温，保持23℃左右，夜间温度15~18℃。

(2) 水肥管理　尽早沟施一次长效全价肥料，每行250~300g。方法是距离黄瓜苗根15cm外开浅沟，将肥料均匀施入沟内，然后用土盖严，5d后浇透水。随着气温升高，加大肥水管理。3月份10~15d浇水1次；4月份5~7d浇水1次；5月份2~3d浇水1次，每667m²浇水约15t/次。结合浇水追施高钾型水溶肥（N-P-K为20-10-30，MgO≥2%）20kg和腐植酸、甲壳质等有机型水溶肥，交替使用，同时每10d叶面喷施一次多元微肥或叶面肥。

(3) 病虫害预防　此时易出现霜霉病、黄点病等侵染性病害，以及化瓜、弯瓜、尖嘴瓜、大头瓜、苦味瓜、叶烧病等生理病害，要加强预防。虫害要重点预防粉虱、蓟马、红蜘蛛。

1.5.6.4　6~7月夏季高温期管理

(1) 温光水肥管理　温度管理的重点是加强通风降温。白天温度超过30℃，及时放风。夜温超过20℃，放夜风1~2h。当外界最低温度在15℃以上时，可以整夜放风。光照管理可采取遮阳措施。水分管理采取大水浇灌。肥料管理根据黄瓜市场价格以及植株长势等情况灵活掌握。注意收听天气预报，出现降雨及时将顶部放风口关闭或设置防雨膜。

（2）病虫害预防　病害重点防治黄点病、霜霉病、白粉病、细菌性角斑病等。虫害重点防治粉虱、螨虫、蓟马、红蜘蛛等。

1.6　病虫害防治

农药使用方法符合GB/T 8321和NY/T 1276要求。病虫害防治用药参照表2-1。

表2-1　日光温室黄瓜长季节栽培主要病虫害防治推荐药剂

病虫害名称		药剂名称	作用
霜霉、晚疫、绵疫等低等真菌引起的病害		百菌清、代森锰锌等	预防
白粉、靶斑、灰霉、黑星等高等真菌引起的病害		多菌灵、代森锰锌等	预防
细菌性病害		氢氧化铜、中生菌素	预防
病害	霜霉病	氟噻唑吡乙酮、氟菌·霜霉威、烯酰吗啉、唑醚·代森联等	治疗
病害	白粉病	苯醚甲环唑、乙嘧酚、醚菌酯、吡唑醚菌酯、醚菌·啶酰菌、吡萘·嘧菌酯、氟菌·戊唑醇、硫黄悬浮剂等	治疗
病害	靶斑病	咪鲜胺、苯醚甲环唑、苯甲·咪鲜胺、氟吡·肟菌酯、吡萘·嘧菌酯等	治疗
病害	灰霉病	乙霉威、乙烯菌核利、咯菌腈、嘧霉胺、唑醚·啶酰菌等	治疗
害虫	白粉虱、蚜虫	吡虫啉、啶虫脒、噻虫嗪、氯虫·噻虫嗪、螺虫·噻虫啉、氟虫·乙多素等	治疗
害虫	潜叶蝇	灭蝇胺、阿维菌素（苯甲酸盐）、阿维·灭蝇胺等	治疗
害虫	蓟马	乙基多杀霉素、氟虫·乙多素等、螺虫、噻虫啉、噻虫嗪	治疗
害虫	红蜘蛛	阿维菌素、螺螨酯、阿维·螺螨酯、螺虫乙酯、联苯肼酯、乙螨唑、丁醚脲等	治疗

1.7　采收

达到商品果标准时，在早晨或傍晚采收。生产期使用化学合成农药的，在农药安全间隔期后采收。

1.8　包装、运输及贮存

包装及运输应符合GB/T 33129的要求。黄瓜适宜的贮存条件为温度10～13℃，空气相对湿度90～95％，贮存时按品种、规格分别存放。

1.9 生产档案

建立日光温室黄瓜长季节生产技术档案，详细记录产地环境、栽培管理、农业投入品使用和采收情况，并保存 3 年以上，以备查阅，详细使用方法参照 DB21/T 2994。

2 日光温室番茄冬春茬栽培技术规程

2.1 范围

本标准规范了日光温室番茄冬春茬栽培的定义、产地环境、品种选择、生产技术、病虫害防治、采收、包装、运输及生产记录。

本标准适用于日光温室番茄冬春茬生产。

2.2 规范性引用文件

下列文件对于本文件的应用是必不可少的。凡是注日期的引用文件，仅所注日期的版本适用于本文件，凡是不注日期的引用文件，其最新版本（包括所有的修改单）适用于本文件。

GB 16715.3 瓜菜作物种子　第 3 部分：茄果类
GB/T 8321 农药合理使用准则
NY/T 1276 农药安全使用规范　总则
NY/T 2312 茄果类蔬菜穴盘育苗技术规程
DB21/T 2657 蔬菜工厂化育苗规程　总则
DB21/T 2718 日光温室熊蜂授粉技术规程
DB21/T 2644 番茄贮运技术规程
DB21/T 2990 日光温室植物生长灯应用技术规程
DB21/T 2994 设施栽培生产记录档案管理规范

2.3 术语和定义

日光温室番茄冬春茬栽培，通常指 10 月中旬开始播种育苗，11 月下旬定植，翌年 3 月中旬采收，一直收获到 5 月中旬拉秧。

2.4 产地环境

选择空气清洁,地下水及土壤无污染,远离工业区,农业环境生态条件好的区域。

2.5 栽培技术

2.5.1 日光温室

选用辽宁省第三代节能日光温室,跨度 7~10m、脊高 4.1~6.1m、后墙高 2.7~3.8m、后屋面水平投影 1.4~2.3m。

2.5.2 品种选择

选择耐低温弱光,综合抗病力强、丰产、优质、耐贮运的无限生长型品种。种子质量要符合 GB 16715.3 要求。

2.5.3 育苗

宜用集约化苗场育苗。秧苗培育参照 NY/T 2312、DB21/T 2657 中的番茄育苗标准。壮苗标准为苗龄 22~25d,株高 13~15cm,茎粗 2.5~3.5mm,3 叶 1 心,叶片油绿而厚,根系发达。

2.5.4 定植前的准备

2.5.4.1 整地施肥

根据温室栽培年限,每 667m^2 施入充分腐熟的农家肥 10m^3,然后旋耕或深翻 30cm 左右。采用秸秆生物反应堆技术。按行距 0.9~1m,挖宽 40cm、深 30cm 的沟,将沟铺满玉米秸秆压实,撒施菌种,向秸秆上覆盖一层土后,每 667m^2 再施入硫酸钾型复合肥(N:P:K=15:15:15)50~100kg、硅钙或硝酸铵钙或钙镁磷肥 20~25kg,秸秆上覆土 30cm,将施入的复合肥等覆盖土拌匀,然后向沟内浇水,将秸秆淹透。

2.5.4.2 装防虫网

温室安装防虫网,上通风口 50 目,下风口 60 目。

2.5.4.3 温室消毒

定植前15d，将上茬作物清除后，高温闷棚5~7d，每667m² 用80%的敌敌畏乳油250mL、硫黄粉3~4kg和适量锯末混合，每隔10m放一堆，从里向外逐渐引燃，熏蒸1昼夜，放风后至无味后定植。

2.5.4.4 土壤消毒

根据前茬作物病虫害发生种类及轻重选择药剂。如每667m²用80%噁霉·福美双可湿性粉剂1kg+86.2%氧化亚铜可湿性粉剂1kg，土壤深翻后，整地作畦浇大水，随水将药剂冲入土壤中。

2.5.4.5 作畦

高畦单行栽培，畦高30cm，畦面宽60~70cm，过道宽30cm。畦面要与吊绳铁丝对应。在定植前7~10d，浇透水造墒。安装滴灌带，每行2根。

2.5.5 定植

2.5.5.1 秧苗蘸根

秧苗定植前，每15kg水兑30%氯虫·噻虫嗪10mL(或用35%噻虫嗪悬浮剂10g)+62.5g/L精甲·咯菌腈10mL，或用25%嘧菌酯悬浮剂2500倍液蘸根，时间4~5s。

2.5.5.2 定植方法

按5cm株距打孔，打孔深度超过番茄苗基质坨1cm，每667m²定植2000株。将番茄苗坨放入定植孔后，将坨与土之间的缝隙用土封严，坨上不覆土。通过软管微喷浇透缓苗水，在浇水时随水施入1000倍液多黏类芽孢杆菌。定植后在株与株之间用2cm直径的钢筋打换气孔，定植后10d再用钢筋在植株两侧打换气孔。

2.5.6 定植后的管理

2.5.6.1 温湿度管理

定植后的5~6d不超过30℃不放风。植株缓苗后开始生长时，采取四段变温管理，白天上午25~28℃，下午23~25℃，上半夜15~17℃，下半夜12~15℃。下午20℃时盖棉被，早晨打开帘时温度不低于8℃。地温以 20~22℃ 为宜。出现连续阴雪天和严寒天气棚室温度无法保证时，可临时加温，如用增温块加温、火炉加温、热风炉加温、电加温等。空气相对湿度保持在 85％ 以下，湿度一次排不净可分多次放风排湿。

2.5.6.2　光照管理

早揭帘，经常擦拭冲洗棚膜，或在棚膜上安装"抹尘布"。在温室后墙上张挂反光幕。调整架面结构呈正"V"字形。光照最弱期间，光照强度应保持在 3000lx 以上。安装补光灯，安装使用方法参照 DB21/T 2990。

2.5.6.3　水肥管理

正常天气情况下，开花坐果期每隔 20d 左右浇一次水，结合浇水施入腐植酸、酵素菌类的生物肥料；结果期每隔 7~10d 浇一次水，结合浇水每 $667m^2$ 每次追施硝酸钾 5kg，每隔 10d 进行一次，每 $667m^2$ 每次追施硝酸钙 5kg，每隔 30d 进行一次；果实膨大转色期每隔 5~7d 浇一次水，结合浇水，在追施钾肥的同时，通过配有施肥器的软管微喷随水每 $667m^2$ 每次追施沼液 500kg。浇水宜在晴天 10~12 时、地温 13℃ 以上时进行，不能浇大水。

2.5.6.4　中耕覆膜

根据墒情，每 5~7d 中耕一次，连续 2~3 次，保持上干下湿，上松下实的土壤环境。定植后 15d 左右覆地膜。

2.5.6.5　蘸花保果

（1）药剂蘸花或喷花　在第一穗花开放 2~3 朵时，把畸形花和特小的花疏掉，每穗保留 5~6 朵花。用 20~30mg/L 的番茄丰产剂 2 号等植物生长调节剂喷花或蘸花，蘸花药液中加入 6.25％ 咯菌腈悬浮剂。药剂中可添加红色颜料，以防止重复蘸花。蘸花时间以每天上午 8~9 点为宜，勿将药液滴落到枝、叶和生长点上。

（2）熊蜂授粉　番茄第一果 20％ 开花时，于日落前 1h 把熊蜂蜂箱水平放置于温室阴凉位置，蜂箱上方 0.5m 处加盖遮阳板，巢口朝南或东南。如果进行病虫害化学防治，应将蜂巢关闭后移至未用药的温室。具体使用方法见 DB21/T 2718 标准。

（3）授粉器授粉　打开电动授粉器的电源开关，震动整个番茄茎蔓及花穗果柄，或直接震动花穗上下，进行授粉。坐果后，摘除残留花瓣，每穗选留 3~4 个果形端正、大小均匀、无病虫害的果实，其他果实疏除。

2.5.6.6 植株调整

（1）整枝、吊蔓　采取单秆整枝方法，但每行两端植株可双秆整枝。植株长到30cm时及时吊秧。

（2）打杈、去老病叶　当杈长至5~10cm时，及时抹去分杈。打杈宜选晴天，棚内空气湿度较小时进行。植株生长到中后期，及时摘掉基部老叶，3穗果以下的叶片，在果实充分膨大后摘除，3穗果以上的叶片在果实充分膨大后打隔叶。

（3）留果、摘心　每株留6个果穗，每穗4~5个果，最后一穗果上留3片叶摘除生长点。

（4）灾害性天气管理　连续阴雪天过后，天气乍晴，突遇强光和升温，棚室温度不能骤然升高，要间歇打帘或者打花帘。给叶面喷清水，适当增加棚内湿度，提高地温。叶面喷施多元微肥、生物菌肥、0.3%的磷酸二氢钾和1%红糖等补充黄瓜植株营养，提高抗性。

2.6 病虫害防治

2.6.1 主要病害

主要病害有叶霉病、早疫病、晚疫病、灰叶斑、黄化曲叶病毒、溃疡病、根结线虫病等。主要虫害有白粉虱、蚜虫、潜叶蝇、蓟马等。农药使用方法符合GB/T 8321和NY/T 1276要求。病虫害防治用药参照表2-2。

表2-2　日光温室番茄冬春茬栽培主要病虫害防治推荐药剂

病虫害名称	药剂名称	含量	剂型	备注
灰霉病	多抗霉素	0.3%	水剂	
	嘧霉胺	40%	可湿性粉剂	
	腐霉利	50%	可湿性粉剂	
叶霉病	春雷霉素	2%	水剂	预防为主
	腈菌唑	12.5%	乳油	
	氟硅唑	400g/L	乳油	
灰叶斑病	咪鲜胺	50%	可湿性粉剂	
	异菌脲	50%	可湿性粉剂	
	苯醚甲环唑	10%	水分散粒剂	
	百菌清	75%	可湿性粉剂	
晚疫病	氟菌·霜霉威	687.5g/L	悬浮剂	
	精甲霜·锰锌	68%	水分散粒剂	
	霜脲·锰锌	72%	可湿性粉剂	
	烯酰吗啉	69%	可湿性粉剂	

续表

病虫害名称	药剂名称	含量	剂型	备注
早疫病	异菌脲	50%	可湿性粉剂	
	苯醚甲环唑	10%	水分散粒剂	
	嘧菌酯	25%	悬浮剂	
溃疡病	中生菌素	3%、5%、12%	可湿性粉剂	预防为主
	春雷霉素	2%	水剂	预防为主
	喹啉酮	40%	悬浮剂	
	春雷·王铜	47%	可湿性粉剂	
	氢氧化铜	77%	可湿性粉剂	
	噻霉酮	3%	微乳剂	
病毒病	氨基寡糖素	2%	水剂	预防为主
	菌毒清	5%	水剂	预防为主
	宁南霉素	10%	可湿性粉剂	预防为主
根结线虫	氰氨化钙	50%	颗粒剂	定植前施用
	棉隆	98%	颗粒剂	定植前施用
	威百亩	35%	水剂	定植前施用
	淡紫拟青霉	5亿活孢子/g	颗粒剂	
蚜虫	啶虫脒	3%	乳油	
	抗蚜威	50%	可湿性粉剂	
	高效氯氰菊酯	2.5%	可湿性粉剂	
粉虱	溴氰虫酰胺	19%	悬浮剂	
	螺虫·噻虫啉	22%	悬浮剂	
	噻虫嗪	25%	水分散粒剂	
	联苯菊酯	3%	水乳剂	
	高效氯氰菊酯	2.5%	乳油	
潜叶蝇	灭蝇胺	10%	悬浮剂	
	阿维菌素	3%	微乳剂	
	高氯·杀虫单	16%	水乳剂	
蓟马	溴氰虫酰胺	19%	悬浮剂	
	乙基多杀菌素	60g/L	悬浮剂	
	丁硫·杀单	5%	颗粒剂	
红蜘蛛	炔螨特	73%	乳油	
	哒螨灵	15%	乳油	
	噻螨酮	5%	乳油	

2.6.2 防治方法

按照"预防为主、综合防治"的植保方针。以农业防治、物理防治、生物防治为主，化学防治为辅。

2.6.2.1 农业防治

采取选用抗（耐）病虫、优质、高产良种；培育适龄壮苗，提高抗逆性；清洁温室；测土配方施肥等农艺措施。

2.6.2.2 物理防治

采用栽前高温闷棚；全生产期内防虫网隔离栽培；覆盖银灰色地膜或挂银灰色塑料条驱避蚜虫；挂黄蓝板粘除蚜虫、潜叶蝇和白粉虱等物理防治措施。

2.6.2.3 生物防治

利用害虫天敌防治害虫，如在温室内释放丽蚜小蜂防治白粉虱；利用生物农药，如井冈霉素、农用链霉素、浏阳霉素等防治病虫害。

2.6.2.4 药剂防治

以上措施不能控制病虫害时，可以使用化学农药。农药使用方法符合 GB/T 8321 和 NY/T 1276 要求。病虫害防治用药参照表 2-2。

2.7 采收

达到商品果标准时，在清晨采收。生产期使用化学合成农药的，在农药安全间隔期后采收。

2.8 包装、运输及贮存

包装及运输应符合 DB21/T 2644 的要求。番茄适宜的贮存条件为温度 8~13℃，空气相对湿度 85%~90%，贮存时按品种、成熟程度及规格分别存放，存放时间最长不超过 7d。

2.9 生产档案

建立生产技术档案，详细记录产地环境、栽培管理、农业投入品使用和采收情况，并保存 3 年以上，以备查阅。档案管理参照 DB21/T 2994 标准。

3 日光温室番茄越夏栽培技术规程

3.1 范围

本标准规范了日光温室番茄越夏栽培的定义、产地环境、品种选择、生产技术、病虫害防治、采收、包装、运输及生产记录。

本标准适用于日光温室番茄越夏生产。

3.2 规范性引用文件

下列文件对于本文件的应用是必不可少的。凡是注日期的引用文件，仅所注日期的版本适用于本文件，凡是不注日期的引用文件，其最新版本（包括所有的修改单）适用于本文件。

GB 16715.3 瓜菜作物种子 第3部分：茄果类

GB/T 8321 农药合理使用准则

GB/T 33129 新鲜水果、蔬菜包装和冷链运输通用操作规程

NY/T 1276 农药安全使用规范 总则

NY/T 2312 茄果类蔬菜穴盘育苗技术规程

DB21/T 2657 蔬菜工厂化育苗规程 总则

DB21/T 2718 日光温室熊蜂授粉技术规程

DB21/T 2994 设施栽培生产记录档案管理规范

3.3 术语和定义

日光温室番茄越夏茬栽培，指利用夏季日照长、昼夜温差大的气候优势，采取遮阳、避雨等措施避开高温、多雨劣势，创造有利于番茄生长发育的环境条件，跨越夏季进行番茄栽培的模式。通常5月下旬至6月上旬播种育苗，6月下旬定植，8月中下旬开始采收，10月中下旬采收结束。

3.4 产地环境

选择空气清洁，地下水及土壤无污染，远离工业区，农业环境生态条件好的区域。

3.5 栽培技术

3.5.1 品种选择

选择耐高温、耐强光、耐裂果、抗病丰产、品质优的无限生长型品种。种子质量要符合 GB 16715.3 要求。

3.5.2 育苗

宜用集约化苗场育苗。秧苗培育参照 NY/T 2312、DB21/T 2657 中的番茄育苗标准。壮苗标准为苗龄 22~25d，株高 13~15cm，茎粗 2.5~3.5mm，3 叶 1 心，叶片油绿而厚，根系发达。

3.5.3 定植前的准备

3.5.3.1 整地施肥

根据温室栽培年限，每 $667m^2$ 施入充分腐熟的农家肥 8~10m^3，硫酸钾型复合肥（N∶P∶K＝15∶15∶15）25~50kg、硅钙或硝酸铵钙或钙镁磷肥 20~25kg。所有肥料均匀撒施，然后旋耕或深翻 30cm 左右。

3.5.3.2 装防虫网

温室安装防虫网，上通风口 50 目，下通风口 60 目。

3.5.3.3 温室消毒

定植前 15d，将上茬作物清除后，高温闷棚 5~7d，每 $667m^2$ 用 80%的敌敌畏乳油 250mL、硫黄粉 3~4kg 和适量锯末混合，每隔 10m 放一堆，从里向外逐渐引燃，熏蒸 1 昼夜，放风后至无味后定植。

3.5.3.4 土壤消毒

根据前茬作物病虫害发生种类及轻重选择药剂。如每 $667m^2$ 用 80%噁霉·福美双可湿性粉剂 1kg＋86.2%氧化亚铜可湿性粉剂 1kg，土壤深翻后，整地作畦浇大水，随水将药剂冲入土壤中。

3.5.3.5 作畦

高畦单行双吊栽培，畦高 5~10cm，畦面宽 70~75cm，过道宽 55~60cm。畦面要与吊绳铁丝对应。在定植前 7~10d，浇透水造墒。安装滴灌带，每行 2 根。

3.5.4 定植

3.5.4.1 秧苗蘸根

秧苗定植前，每 15kg 水兑 30%氯虫·噻虫嗪 10mL（或用 35%噻虫嗪悬浮剂10g）+62.5g/L精甲·咯菌腈10mL，或用25％嘧菌酯悬浮剂2500倍液蘸根，时间4～5s。

3.5.4.2 定植方法

按28～30cm株距打孔，打孔深度超过番茄苗基质坨1cm，每667m²定植1800株。将番茄苗坨放入定植孔后，将坨与土之间的缝隙用土封严，坨上不覆土。

3.5.5 田间管理

3.5.5.1 缓苗和中耕

定植后浇缓苗水。缓苗后中耕松土，隔5～7d再连续中耕2～3次，然后覆盖银黑双色膜或黑色地膜。

3.5.5.2 温度管理

（1）高温季节管理　以控温为主。缓苗后至结果前期，加大放风量，上、下风口要全部打开，小水勤浇。棚膜上喷泥或化学涂料。安装50％黑色遮阳网。晴天白天温度超过28℃时，中午进行遮光降温。

（2）天气转凉后管理　9月中下旬，随着室外温度的降低要调整温度管理方式。白天逐渐缩小放风口，减少通风量，关好底风，逐渐缩小顶部放风口，夜间温室气温最低不能低于8℃。10月下旬，加强夜间保温，将温室前底膜盖严，必要时在前底膜外加围草苫，白天温室内气温控制在20℃以上。

3.5.5.3 水肥管理

缓苗后至坐果前，保持土壤见干见湿。坐果后，水分均匀供应。高温季节浇水要小水勤浇，并在早晨或傍晚进行。9月中旬以后浇水在上午进行，浇水过后注意放风排湿。10月以后要少浇水，不旱不浇。第一次追肥在第一穗果长到鸡蛋黄大小时进行，每667m²施高钾型水溶肥（N：P：K=18：6：26或相似比例）或硝酸钾7.5～10kg，植株长势弱时，每667m²增加2.5kg尿素，或直接冲施高氮高钾肥水溶肥。以后每层果膨果时都要追一次肥。盛果期，根据植株长势情况可喷施叶面肥。

3.5.5.4 保花保果

（1）药剂蘸花或喷花　在第一穗花开放2～3朵时，把畸形花和特小的花疏掉，每穗保留5～6朵花。用20～30mg/L的番茄丰产剂2号等植物生长调节剂喷花或蘸花，蘸花药液中加入6.25%咯菌腈悬浮剂。药剂中可添加红色颜料，以防止重复蘸花。蘸花时间以每天上午8～9点为宜，勿将药液滴落到枝、叶和生长点上。及时进行疏果，每穗留果3～4个。

（2）熊蜂授粉　番茄第一穗果20%开花时，于日落前1h把熊蜂蜂箱水平放置于温室阴凉位置，蜂箱上方0.5m处加盖遮阳板，巢口朝南或东南。如果进行病虫害化学防治，将蜂巢关闭后移至未用药的温室。具体使用方法见DB21/T 2718标准。

（3）授粉器授粉　打开电动授粉器的电源开关，震动整个番茄茎蔓及花穗果柄，或直接震动花穗上下，进行授粉。坐果后，摘除残留花瓣，每穗选留3～4个果形端正、大小均匀、无病虫害的果实，其他果实疏除。

3.5.5.5　整枝控秧

采取单秆整枝方法，但每行两端植株可双秆整枝。植株长到30cm时及时吊秧，并抹去多余分权，每株留5～7个果穗，每穗3～4个果，最后一穗果上留3片叶掐尖。及时摘掉基部老叶和落秧盘秧。

3.6　病虫害防治

主要病害有叶霉病、早疫病、灰叶斑、黄化曲叶病毒病、溃疡病、根结线虫病等。主要虫害有白粉虱、蚜虫、潜叶蝇、蓟马等。农药使用方法符合GB/T 8321和NY/T 1276要求。病虫害防治用药参照表2-3。

表2-3　日光温室番茄越夏栽培主要病虫害防治推荐药剂

病虫害名称	药剂名称	含量	剂型	备注
叶霉病	春雷霉素	2%	水剂	预防为主
	腈菌唑	12.5%	乳油	
	氟硅唑	400g/L	乳油	
灰叶斑病	咪鲜胺	50%	可湿性粉剂	
	异菌脲	50%	可湿性粉剂	
	苯醚甲环唑	10%	水分散粒剂	
	百菌清	75%	可湿性粉剂	
晚疫病	氟菌·霜霉威	687.5g/L	悬浮剂	
	精甲霜·锰锌	68%	水分散粒剂	
	霜脲·锰锌	72%	可湿性粉剂	
	烯酰吗啉	69%	可湿性粉剂	
早疫病	异菌脲	50%	可湿性粉剂	
	苯醚甲环唑	10%	水分散粒剂	
	嘧菌酯	25%	悬浮剂	

续表

病虫害名称	药剂名称	含量	剂型	备注
溃疡病	中生菌素	3%、5%、12%	可湿性粉剂	预防为主
	春雷霉素	2%	水剂	预防为主
	喹啉酮	40%	悬浮剂	
	春雷·王铜	47%	可湿性粉剂	
	氢氧化铜	77%	可湿性粉剂	
	噻霉酮	3%	微乳剂	
病毒病	氨基寡糖素	2%	水剂	预防为主
	菌毒清	5%	水剂	预防为主
	宁南霉素	10%	可湿性粉剂	预防为主
根结线虫	氰氨化钙	50%	颗粒剂	定植前施用
	棉隆	98%	颗粒剂	定植前施用
	威百亩	35%	水剂	定植前施用
	淡紫拟青霉	5亿活孢子/g	颗粒剂	
蚜虫	啶虫脒	3%	乳油	
	抗蚜威	50%	可湿性粉剂	
	高效氯氰菊酯	2.5%	可湿性粉剂	
粉虱	溴氰虫酰胺	19%	悬浮剂	
	螺虫·噻虫啉	22%	悬浮剂	
	噻虫嗪	25%	水分散粒剂	
	联苯菊酯	3%	水乳剂	
	高效氯氰菊酯	2.5%	乳油	
潜叶蝇	灭蝇胺	10%	悬浮剂	
	阿维菌素	3%	微乳剂	
	高氯·杀虫单	16%	水乳剂	
蓟马	溴氰虫酰胺	19%	悬浮剂	
	乙基多杀菌素	60g/L	悬浮剂	
	丁硫·杀单	5%	颗粒剂	
红蜘蛛	炔螨特	73%	乳油	
	哒螨灵	15%	乳油	
	噻螨酮	5%	乳油	

3.7 采收

达到商品果标准时，在清晨采收。生产期使用化学合成农药的，在农药安全间隔期后采收。

3.8 包装、运输及贮存

包装及运输应符合GB/T 33129的要求。番茄适宜的贮存条件为温度8～13℃，空气相对湿度80%～85%，贮存时按品种、成熟程度及规格分别存放。

3.9 生产档案

建立日光温室番茄越夏茬生产技术档案,详细记录产地环境、栽培管理、农业投入品使用和采收情况,并保存3年以上,以备查阅。档案管理参照 DB21/T 2994 标准。

4 日光温室茄子长季节栽培技术规程

4.1 范围

本标准规范了日光温室茄子长季节栽培的术语与定义、产地环境、栽培技术、病虫防治、采收、包装、运输及生产档案。

本标准适用于日光温室茄子长季节生产。

4.2 规范性引用文件

下列文件对于本文件的应用是必不可少的。凡是注日期的引用文件,仅所注日期的版本适用于本文件,凡是不注日期的引用文件,其最新版本(包括所有的修改单)适用于本文件。

GB 16715.3 瓜菜作物种子 第3部分:茄果类

GB/T 33129 新鲜水果、蔬菜包装和冷链运输通用操作规程

DB21/T 2192 茄子工厂化育苗技术规程

DB21/T 2222 设施茄子主要病虫害防控技术规程

DB21/T 1895 棚室秸秆生物反应堆 内置式技术规程

DB21/T 2990 日光温室植物生长灯应用技术规程

DB21/T 2994 设施栽培生产记录档案管理规范

4.3 术语和定义

日光温室茄子长季节栽培,指一年只生产一大茬的日光温室茄子生产

模式。通常 5 月下旬～8 月中下旬培育嫁接苗，8 月下旬～9 月上旬定植，10 月中下旬开始采收，翌年 6～7 月拉秧。

4.4 产地环境

选择空气清洁，地下水及土壤无污染，远离工业区，农业环境生态条件好的区域。

4.5 栽培技术

4.5.1 日光温室

选用第三代高效节能日光温室，位于北纬 40°～42°，跨度 8～10m、脊高 4.7～5.9m、后墙高 3.2～3.8m、后屋面水平投影 1.5～2.3m。

4.5.2 品种选择

选择耐低温弱光、抗逆抗病性强、优质、丰产、耐贮运的品种。砧木品种选用亲和力强、抗土传病害、对接穗品质影响小的品种。种子质量要符合 GB 16715.3 要求。

4.5.3 育苗

宜选用嫁接秧苗。秧苗培育参照 DB21/T 2192 要求。壮苗标准为秧苗整齐，无病虫害。株高 15～20cm，砧木高度 5～8cm，砧木粗 0.4cm 以上。2 叶 1 心至 4 叶 1 心，真叶叶色浓绿，茎秆粗壮，根系发达。

4.5.4 定植前的准备

4.5.4.1 整地施肥

根据温室栽培年限，每 $667m^2$ 施充分腐熟发酵的农家肥 4～15m^3（鸡粪 4～5m^3，猪粪 5～6m^3，羊粪 10～12m^3，牛粪 12～15m^3），或生物有机肥料 400～500kg。硅钙或硝酸铵钙 20～25kg、硫酸钾型复合肥(N-P-K=15-15-15)50～100kg、硫酸镁 20～30kg、硫酸亚铁 5kg、硫酸锌 3kg、硼酸或硼砂 1.5kg。微量元素肥料与有机肥混合施用。所有肥料均匀撒施，然后旋耕或深翻 30cm 左右。

4.5.4.2 装防虫网

安装防虫网,上通风口50目,下通风口60目。

4.5.4.3 温室及土壤消毒

(1)温室消毒 定植前15d,温室覆膜后,高温闷棚5~7d,并用硫黄熏蒸。方法是:每667m² 用80%的敌敌畏乳油250mL、硫黄粉3~4kg和锯末适量混合,每隔10m放一堆,从里向外逐渐引燃,熏蒸1昼夜,放风至无味后定植。

(2)土壤消毒 根据前茬作物病虫害发生种类及轻重选择药剂。如每667m² 用80%噁霉·福美双可湿性粉剂1kg+86.2%氧化亚铜可湿性粉剂1kg,土壤深翻后,整地作畦浇大水,随水将药剂浇灌到土壤中。

(3)温室及土壤消毒 每年6~7月前茬作物拉秧后,到茄子定植前60~70d高温休闲期进行氰氨化钙+秸秆消毒。方法是:每667m² 施入土壤60~80kg氰氨化钙和1000kg粉碎秸秆,然后深翻起垄,浇大水,覆膜密封种植区域,并密闭温室30d左右。

4.5.4.4 秸秆生物反应堆技术

每667m² 需秸秆2000~3000kg。先挖深20~25cm、宽60~70cm的槽,槽内填玉米秸秆,铺匀、踏实,厚度30cm,槽南北两头露出10cm秸秆茬,然后撒施菌种,再回土作畦。棚室秸秆生物反应堆技术具体操作方法参照DB21/T 1895。

4.5.4.5 作畦

高畦双行栽培,畦高20cm,畦面宽90~100cm,过道宽50cm;高畦单行栽培,畦高20cm,畦面宽70cm,过道宽40cm。在定植前7~10d,浇透水造墒。安装滴灌带,每行2根。

4.5.5 定植

4.5.5.1 秧苗蘸根

秧苗定植前,每15kg水兑70%噻虫嗪悬浮剂10g+25%嘧菌酯悬浮剂10mL+0.003%丙酰芸苔素内酯5mL蘸根。

4.5.5.2 定植方法

每667m² 定植1600~1800株。双行栽培按照大行距80~90cm,小行距 60～70cm 开沟，沟深 10cm，株距 50cm 左右。单行栽培在畦中央开沟，沟深 10cm，株距 35cm 左右。定植深度以秧苗的嫁接口处高出地面 3cm 以上为宜。

4.5.6 田间管理

4.5.6.1 8月下旬～9月中旬秋季高温期管理

（1）缓苗炼苗　定植后浇透缓苗水，2～3d 后再浇 1 次水。之后控水通风降温，进行炼苗，直至新叶开始生长时再浇 1 次水。

（2）中耕覆膜　根据墒情，缓苗水之后，尽早中耕，之后间隔 5～7d 连续中耕 2～3 次，保持土壤上干下湿，上虚下实。中耕时要距植株根茎部 5cm 左右，离植株较近处中耕深度 1cm 左右，较远处可适当深至 2～3cm，定植 20～25d 后覆盖地膜。

（3）温光管理　采取遮阳网、向棚膜上泼泥浆、喷洒降温剂等遮阴措施，或通过田间喷洒清水来降温。保持白天温度在 30℃ 左右，不高于 35℃，夜间温度在 22℃ 左右，不高于 25℃。

（4）水肥管理　开花坐果前一般不施肥。出现植株矮小、生长缓慢时，每 $667m^2$ 随水冲施大量元素水溶肥（N∶P∶K＝20∶20∶20）4～5kg，或全溶性晶体二铵 2.5kg。

（5）病虫害预防　此期易发生虫害，主要有红蜘蛛、蓟马、粉虱、蚜虫以及各种螨类等。病害主要有病毒病、茎基腐病等。要注意加强预防。

4.5.6.2 9月下旬～11月下旬秋季适温期管理

（1）温光管理　白天 25～30℃，夜间 12～20℃，昼夜温差达到 10℃ 左右为宜。棚外最低气温降到 15℃ 时，夜间关闭下风口，12℃ 时上下风口全部关闭，5℃ 以下时前底角盖立帘。9月下旬至10月初更换棚膜。如棚膜更换过早，因新膜透光性好，温室气温突然升高而导致茄苗出现心叶变黄现象时，可喷施锌、铁叶面肥，7～10d 喷 1 次，连续使用 2 次植株基本能恢复正常。

（2）水肥管理　植株坐果前一般不浇水。植株长势弱时可随水追肥，方法同 4.5.6.1(4)。

（3）植株调整　门茄开始膨大时，及时摘去门茄以下的侧枝及老叶。双秆整枝，结果期间每条主秆上的侧枝留第一朵花，花后留 2 片叶掐尖。

(4) 保花保果　当花达到半开状态时，于上午 9～10 时，用对氯苯氧乙酸(防落素)20～30mg/kg 或 2,4-D 10～20mg/kg 蘸花，药液不能溅到叶片和茎上。药液中加入红色或黑色颜料作标记以防止重涂。药液中加入 40％双胍三辛烷基苯磺酸盐可湿性粉剂 1000 倍液和 0.003％丙酰芸苔素水剂 2000 倍液，预防灰霉病和畸形果。

(5) 病虫害预防　此期要防止棚外害虫进入温室内。病害主要有叶霉病、褐斑病、细菌性叶枯病等叶部病害。要注意加强预防。

4.5.6.3　12 月上旬～2 月下旬冬季低温期管理

(1) 温湿度管理　采取高温管理，温室气温达到 35℃以上放风，降到 32℃关闭。此阶段放风主要用于排湿而不是降温，放风时间要短，半个小时左右，防止冷空气下沉降低地温。空气相对湿度保持在 80％以下，湿度一次排不净可分多次放风排湿。在畦间过道内覆盖 10～15cm 厚的稻草、玉米等粉碎秸秆，可以提高地温，降低湿度。保温被尽量早揭晚盖，上午揭帘时间以揭帘后温室气温无明显下降为准，温室内温度不低于 10℃，最好在 15℃以上；下午温室气温降至 20℃左右盖保温被。出现连续阴雪天和严寒天气温室温度无法保证时，可采取电加温、增温块等临时加温措施。

(2) 光照管理　尽量早揭保温被，经常擦拭冲洗棚膜，或在棚膜上安装"抹尘布"。在温室后墙上张挂反光幕。及时打掉植株下部的病叶、老叶。光照最弱期间，光照强度应保持在 3000lx 以上。可安装补光灯，安装使用方法参照 DB21/T 2990。

(3) 水肥管理　正常天气情况下 15～20d 浇水 1 次，浇水宜在晴天上午 10～12 时，不能浇大水。特别寒冷的天气可推迟 2～3d，待气温稍有回升时再浇水。随水冲施腐植酸、酵素菌类生物肥等。每 7～10d 喷施 1 次丙酰芸苔素内酯、赤吲乙•芸苔可湿性粉剂(碧护)、磷酸二氢钾、尿素、液体氮肥等叶面肥。采用颗粒气肥坑埋、化学反应、吊袋式二氧化碳气肥发生剂三种方法增施二氧化碳气肥。

(4) 植株调整　及时摘除老叶病叶，侧枝长出后保留 1 片叶掐尖，不留果。

(5) 灾害性天气管理　连续阴雪天过后，天气乍晴，突遇强光和升温，温室温度不能骤然升高，要间歇打帘或者打花帘。给叶面喷清水，适当增加温室内湿度，提高地温。叶面喷施多元微肥、生物菌肥、0.3％的磷酸二氢钾和1%红糖等补充植株营养，提高抗性。

（6）病虫害预防　重点是灰霉病、菌核病、细菌性叶枯病等，要注意识别并加强防治。

4.5.6.4　3～5月春季适温期管理

（1）温光管理　气温回升后，温度恢复正常管理，保温被早揭晚盖，早晨揭帘温室气温以12℃为宜。上午温室气温达到30℃时要放风，下午加大放风量，保持在23℃左右，夜间温室气温15～18℃。如果室外夜温最低气温高于12℃，晚上可不盖保温被；室外气温高于15℃，晴天时可不关温室上风口。

（2）水肥管理　适当增加浇水次数，提高钾肥、钙肥、硼肥的用量。一般7d左右浇水1次，灌水量可比低温季节适当增大，垄内存水深1.0～1.5cm时关闭进水口。每次每667m^2随水冲施高钾肥水溶肥（N∶P∶K=12∶2∶44）10kg。

（3）植株调整　当植株长到1.6～1.7m时及时掐掉顶尖。去除植株40cm以下萌蘖的侧芽，40cm以上的侧芽预留1～2个幼果后掐尖。

（4）病虫害预防　此期重点防治褐斑病、叶霉病、灰霉病、菌核病等病害。虫害要重点防粉虱、螨、蓟马三大害虫。要注意识别并加强防治。

4.5.6.5　6～7月夏季高温期管理

（1）温光水肥管理　温度管理由单纯保温变为加强通风降温。白天温室气温超过30℃，及时放风。温室夜间气温超过20℃，放夜风1～2h。当室外最低温度在15℃以上时，可以整夜放风。光照管理可采取遮阳措施。水分管理采取大水浇灌。肥料管理根据茄子市场价格以及植株长势等情况灵活掌握。注意收听天气预报，出现降雨及时将顶部放风口关闭或设置防雨膜。

（2）病虫害预防　病害重点防治叶霉病、疫病、白粉病、细菌性叶斑病等。虫害重点防治粉虱、螨、蓟马等。

4.6　病虫害防治

按照"预防为主、综合防治"的植保方针。以农业防治、物理防治、生态防治、生物防治为主，化学防治为辅的原则。防治方法参照DB21/T 2222标准。

4.7 采收

达到商品果要求时在早晨或傍晚采收。采摘时不要损伤主秆，宜用果树剪刀在果柄处剪下，秧上留 3cm 以上。生产期使用化学合成农药的，在农药安全间隔期后采收。

4.8 包装、运输及贮存

包装及运输应符合 GB/T 33129 的要求。茄子适宜的贮存条件为温度 7~10℃，空气相对湿度 85%~90%。贮存时按品种、规格分别存放。

4.9 生产档案

建立日光温室茄子长季节生产技术档案，详细记录产地环境、栽培管理、农业投入品使用和采收情况，并保存 3 年以上，以备查阅，详细使用方法参照 DB21/T 2994 标准。

5 日光温室辣椒长季节栽培技术规程

5.1 范围

本标准规范了日光温室辣椒长季节栽培的术语与定义、产地环境、栽培技术、病虫防治、采收、包装、运输及生产档案。

本标准适用于日光温室辣椒长季节生产。

5.2 规范性引用文件

下列文件对于本文件的应用是必不可少的。凡是注日期的引用文件，仅所注日期的版本适用于本文件，凡是不注日期的引用文件，其最新版本（包括所有的修改单）适用于本文件。

GB 16715.3 瓜菜作物种子 第 3 部分：茄果类

GB/T 33129 新鲜水果、蔬菜包装和冷链运输通用操作规程

DB21/T 1802 辣椒适龄壮苗生产技术规程
DB21/T 2221 设施辣椒主要病虫害防控技术规程
DB21/T 1895 棚室秸秆生物反应堆　内置式技术规程
DB21/T 2990 日光温室植物生长灯应用技术规程
DB21/T 2994 设施栽培生产记录档案管理规范

5.3　术语和定义

日光温室辣椒长季节栽培，指一年只生产一大茬的日光温室辣椒生产模式。通常7月下旬或中下旬育苗，9月上中旬定植，11月中下旬开始采收，一直收获到翌年6~7月拉秧。

5.4　产地环境

选择空气清洁，地下水及土壤无污染，远离工业区，农业环境生态条件好的区域。

5.5　栽培技术

5.5.1　日光温室

选用第三代高效节能日光温室，在北纬40°~42°，跨度8~10m、脊高4.7~5.9m、后墙高3.2~3.8m、后屋面水平投影1.5~2.3m。

5.5.2　品种选择

选择耐低温弱光、抗病性强、中晚熟、结果期长、优质、丰产、耐贮运的品种。种子质量要符合GB 16715.3要求。

5.5.3　育苗

宜选用工厂化育苗。秧苗培育参照DB21/T 1802要求。壮苗标准为秧苗子叶完好，不徒长、不老化、无病虫害。5叶1心，株高15cm左右，茎粗0.4cm左右，苗龄40d左右。

5.5.4　定植前的准备

5.5.4.1　整地施肥

根据温室栽培年限，每667m^{2}施充分腐熟发酵的农家肥15~20m^3、磷酸氢二铵 40～50kg、硝酸钙 20～25kg、硫酸钾 20～25kg，农家肥上喷洒农药：辛硫磷 40％乳油 300mL、多菌灵 50％可湿性粉剂 3～4kg，所有肥料均匀撒施，然后旋耕或深翻 20～25cm。

5.5.4.2 装防虫网

安装防虫网，上通风口 50 目，下通风口 60 目。

5.5.4.3 温室及土壤消毒

（1）温室消毒　定植前 15d，温室覆膜后，高温闷棚 5～7d，并用硫黄熏蒸。方法是：每 667m² 用 80％的敌敌畏乳油 250mL、硫黄粉 3～4kg 和锯末适量混合，每隔 10m 放一堆，从里向外逐渐引燃，熏蒸 1 昼夜，放风至无味后定植。

（2）土壤消毒　根据前茬作物病虫害发生种类及轻重选择药剂。如每 667m² 用 80％噁霉·福美双可湿性粉剂 1kg＋86.2％氧化亚铜可湿性粉剂 1kg，土壤深翻后，整地作畦浇大水，随水将药剂浇灌到土壤中。

（3）温室及土壤消毒　每年 6～7 月前茬作物拉秧后，进行氰氨化钙＋秸秆消毒。方法是：每 667m² 施入土壤 60～80kg 氰氨化钙和 1000kg 粉碎秸秆，然后深翻起垄，浇大水，覆膜密封种植区域，并密闭温室 30d 左右。

5.5.4.4 秸秆生物反应堆技术

每 667m² 需秸秆 2000～3000kg。先挖深 20～25cm，宽 60～70cm 的槽，槽内填玉米秸秆，铺匀，踏实，厚度 30cm，槽南北两头露出 10cm 秸秆茬，然后撒施菌种，再回土作畦。棚室秸秆生物反应堆技术具体操作方法参照 DB21/T 1895。

5.5.4.5 作畦

高畦单行栽培，畦高 20cm，畦面宽 70cm 左右，过道宽 50cm。在定植前 7～10d，浇透水造墒。安装滴灌带，每行 2 根。

5.5.5 定植

5.5.5.1 秧苗蘸根

秧苗定植前，每 15kg 水兑 70％噻虫嗪悬浮剂 10g＋25％嘧菌酯悬浮剂 10mL＋0.003％丙酰芸苔素内酯 5mL 蘸根。

5.5.5.2 定植方法

定植前 2~3d，在操作行浇大水造墒。单行栽植，株距 28cm 左右，每 667m² 定植 2000~2200 株，定植深度以苗坨于土壤表层保持水平为宜。

5.5.6 田间管理

5.5.6.1 9月上中旬定植期管理

（1）缓苗炼苗　定植后 4~5d，浇一遍缓苗水，缓苗水要浇透，之后控水通风降温，进行炼苗。

（2）中耕覆膜　缓苗水后 3~4d，围绕植株远深近浅进行划锄（秧苗坨附近 1~2cm 浅锄、3~5cm 深锄），定植 20d 左右，再次划锄并覆盖地膜。

（3）温光管理　定植后采取遮阳网、向棚膜上泼泥浆、喷洒降温剂等遮阴措施，或通过田间喷洒清水来降温。保持白天温度在 25~28℃，不高于 30℃，夜间温度在 16~20℃，降至 12℃时关闭底风。

（4）水肥管理　开花坐果前一般不施肥。出现植株矮小、生长缓慢时，每 667m² 随水冲施大量元素水溶肥（N-P-K＝20-20-20）4~5kg，或全水溶性磷酸氢二铵（晶体二铵）2.5kg。

（5）病虫害预防　此期易发生虫害，主要有蓟马、白粉虱、螨虫、小菜蛾等。病害主要有疫霉根腐病、病毒病等。要注意加强预防。

5.5.6.2 10~11月开花坐果期管理

（1）温光管理　白天 20~25℃，夜间 16~20℃，低于 15℃或高于 35℃易落花落果。10月上旬更换棚膜。进入 10 月下旬，及时安装草帘棉被等提温防寒，在尽可能维持不低于适温范围下限温度的情况下，适当早揭晚盖，以争取延长光照时间。

（2）水肥管理　坐果前，适当控水，出现轻微旱象浇小水。植株长势弱时可随水追肥，方法同 5.5.6.1（4）。坐果后水分管理的原则是保持均匀供水，不可忽干忽湿，切忌大水漫灌。坐果后追肥，每 667m² 尿素 10~15kg，KNO_3 8~10kg，扎眼追施或随软管微喷灌冲施。

（3）保花保果　当花达到半开状态时，于上午 9~10 时，用对氯苯氧乙酸（防落素）20~30mg/kg 或 2,4-D 10~20mg/kg 蘸花，药液不能溅到叶片和茎上。药液中加入红色或黑色颜料作标记以防止重涂。药液中加入40％双胍三辛烷基苯磺酸盐可湿性粉剂1000倍液和0.003％丙酰芸苔素水剂2000倍液,预防灰霉病和畸形果。

(4) 植株调整　门椒坐稳后,及时打掉门椒以下的侧枝和老叶。植株40cm高时开始吊绳,3秆或4秆整枝,每秆一吊绳,每条主秆上的侧枝留一个椒,椒后留3片叶掐尖。

(5) 病虫害预防　病害主要有白粉病、灰霉病等。要注意加强预防。

5.5.6.3　12月~翌年2月坐果采收期管理

(1) 温湿度管理　采取高温管理,中午前后温度控制在32℃以内。此阶段放风主要用于排湿而不是降温,可在中午前后放小风和短时间放风,湿度一次排不净可分多次放风排湿。在畦间过道内覆盖10~15cm厚的稻草、玉米等粉碎秸秆,可以提高地温,降低湿度。保温被尽量早揭晚盖。出现连续阴雪天和严寒天气温室温度无法保证时,可采取电加温、使用增温块等临时加温措施。

(2) 光照管理　尽量早揭保温被,合理延长光照时间。经常擦拭冲洗棚膜,或在棚膜上安装"抹尘布"。在温室后墙上张挂反光幕。及时打掉植株下部的病叶、老叶。光照最弱期间,光照强度应保持在3000lx以上。可安装补光灯,安装使用方法参照DB21/T 2990。

(3) 水肥管理　浇水宜在晴天10时前浇完,浇水后注意闷棚提温到35℃,1~2h后再通风排湿。特别寒冷的天气可推迟2~3d,待气温稍有所回升时再浇水。随水冲施腐植酸、酵素菌类生物肥等。每7~10d喷施1次丙酰芸苔素内酯、赤•吲乙•芸苔可湿性粉剂(碧护)、磷酸二氢钾、尿素、液体氮肥等叶面肥。采用颗粒气肥坑埋、化学反应、吊袋式二氧化碳气肥发生剂三种方法增施二氧化碳气肥。

(4) 植株调整　及时摘除老叶病叶,侧枝长出后保留1片叶掐尖,不留果。

(5) 灾害性天气管理　久阴乍晴时,要缓揭慢揭帘,揭揭停停,以及叶面喷水防生理萎蔫,适当增加温室内湿度,提高地温。要叶面喷施多元微肥、生物菌肥、0.3％的磷酸二氢钾和1％红糖等补充植株营养,提高抗性。

(6) 病虫害预防　重点是灰霉病、菌核病等,要注意识别并加强防治。

5.5.6.4 3~5月采收中后期管理

（1）温光管理 注意控制棚温，早晨揭帘温室气温以保持12℃为宜。白天温室气温保持25~28℃，上午达到30℃时要放风，下午加大放风量，夜间温室气温15~18℃。如果室外夜温最低气温高于12℃，晚上可不盖保温被；室外气温高于15℃，晴天时可不关温室上风口。

（2）水肥管理 适当增加浇水次数，随水带肥，每667m^2尿素10~15kg，KNO_3 8~10kg，扎眼追施或随软管微喷灌冲施。

（3）植株调整 及时去除无效枝及病叶、老叶、黄叶。

（4）病虫害预防 此期重点要加强防治白粉病和炭疽病。

5.5.6.5 6~7月采收末期管理

（1）清棚 根据市场价格情况决定拉秧清棚时间，不要撤掉棚膜。

（2）下茬准备 要在6月末前准备下茬生产，粪肥做好腐熟发酵工作。

（3）棚室处理 7月下旬，做好棚室处理工作。前茬病害较轻的棚室，采取高温闷棚措施，方法为翻地起垄，覆盖地膜，浇透水，密闭棚室15~20d。病害较重棚室，施入粪肥后深翻整地，混拌均匀，用98％棉隆（垄鑫）等土壤消毒剂，进行土壤消毒。

5.6 病虫害防治

按照"预防为主、综合防治"的植保方针。以农业防治、物理防治、生态防治、生物防治为主，化学防治为辅的原则。防治方法参照DB21/T 2221标准。

5.7 采收

达到商品果要求时在早晨或傍晚采收。采摘时不要损伤主秆，宜用果树剪刀在果柄处剪下，秧上留3cm以上。生产期使用化学合成农药的，在农药安全间隔期后采收。

5.8 包装、运输及贮存

包装及运输应符合GB/T 33129的要求。辣椒适宜的贮存条件为温度

8～10℃，空气相对湿度85%～90%。贮存时按品种、规格分别存放。

5.9 生产档案

建立日光温室辣椒长季节生产技术档案，详细记录产地环境、栽培管理、农业投入品使用和采收情况，并保存3年以上，以备查阅，详细使用方法参照DB21/T 2994标准。

6 日光温室角瓜长季节生产技术规程

6.1 范围

本标准规范了日光温室角瓜（西葫芦）长季节栽培的定义、产地环境、栽培技术、病虫害防治、采收、包装、运输及生产记录。

本标准适用日光温室角瓜（西葫芦）长季节生产。

6.2 规范性引用文件

下列文件对于本文件的应用是必不可少的。凡是注日期的引用文件，仅所注日期的版本适用于本文件，凡是不注日期的引用文件，其最新版本（包括所有的修改单）适用于本文件。

GB 16715.1 瓜菜作物种子 第1部分：瓜类

GB/T 8321 农药合理使用准则

GB/T 33129 新鲜水果、蔬菜包装和冷链运输通用操作规程

NY/T 1276 农药安全使用规范 总则

NY/T 2118 蔬菜育苗基质

DB21/T 2994 设施栽培生产记录档案管理规范

6.3 产地环境

选择空气清洁，地下水及土壤无污染，远离工业区，农业环境生态条件好的区域。

6.4 生产技术

6.4.1 日光温室

选用第三代高效节能日光温室，在北纬 40°～42°，跨度 8～10m、脊高 4.7～5.9m、后墙高 3.2～3.8m、后屋面水平投影 1.5～2.3m。

6.4.2 品种选择

选择商品性好、优质、丰产、耐低温弱光、耐贮运、适销对路的西葫芦品种。

6.4.3 育苗

6.4.3.1 场地选择

按照每 $667m^2$ 西葫芦保苗 950 株计算，选在日光温室或大棚，采用 54cm×28cm50 穴苗盘，需要苗床面积 $3m^2$。

6.4.3.2 育苗基质

基质符合 NY/T 2118 要求。穴盘育苗多采用草炭和蛭石的复合基质，比例为 1∶1 或 2∶1。

6.4.3.3 床土消毒

每立方米营养土加入 50％多菌灵 80～100g，50％辛硫磷 60～80g 兑水 10kg 喷淋，充分拌匀后堆置，用塑料薄膜密封 5～7d，然后揭膜使用。

6.4.3.4 播种

绿色蔬菜西葫芦种子为包衣种子，用干播法。人工播种，先装盘，每穴基质一致，用压板压孔 1.5cm，每穴播一粒，覆盖基质 1.5cm。浇水使基质饱和，盘上覆盖地膜，在催芽室或育苗棚室中催芽。播种数量是需苗量的 1.15 倍。

6.4.3.5 种子质量

种子质量要符合 GB 16715 中 2 级以上要求。

6.4.3.6 播后管理

出苗前保持较高的温度,一般掌握在 28～30℃,待种子有 60% 出土时,将覆盖的地膜去掉,加盖 60 目网眼的防虫网,防蚜虫、白粉虱、斑潜蝇等。

6.4.3.7 苗期管理

出苗后将温度控制在 18～22℃,育苗期一般不浇水,若底水不足或苗土沙化严重出现干旱时,用喷壶喷水,切忌大水漫灌。子叶展开时对苗床喷施杀菌剂,如噁霉灵、霜霉威盐酸盐(普力克)等加农用链霉素,防治猝倒病、立枯病,日历苗龄一般需要 12～20d。冬春季苗龄长,夏秋季苗龄短。当苗长至真叶直径 3cm 时即可定植。定植前喷一遍噻虫嗪防蚜虫,加防治病毒病的药,如吗胍·乙酸铜(病毒 A)、烷醇·硫酸铜(植病灵)等。

6.4.3.8 壮苗标准

集约化育苗子叶完好,叶色浓绿,茎粗 0.3cm 以上,茎长 2cm 以下,第一片真叶直径 3cm。其根系将基质紧紧缠绕,苗子从穴盘拔起时不散坨。常规育苗叶色浓绿、子叶完好、茎基部粗壮、根系完好,无病虫害。三片真叶之前及早定植。

6.4.4 定植

6.4.4.1 定植前准备

(1) 整地施肥 整地前清除前茬残留物。忌用瓜类作物作前茬。定植前 15～30d,在中等肥力土壤条件下,结合整地,铡碎秸秆 1500kg 拌入土壤,每 667m² 施优质腐熟的农家肥 5000kg,或商品有机肥 1500～2000kg;同时施磷酸氢二铵 10kg、硫酸钾 30kg,或高浓度三元复合肥 20kg。缺乏微量元素的地块,每 667m² 还应施所缺元素微肥 1～2kg。有机肥与化肥、微肥等混合均匀深翻 30cm。耙细后按行距 80～100cm 起垄。禁止使用城市垃圾和污泥、医院的生活垃圾和含有害物质(如毒气、病原微生物、重金属等)的工业垃圾。严禁施用未腐熟的人粪尿和饼肥。禁止施用硝态氮肥。

(2) 温室消毒 定植前 7～15d,将温室完全密闭,每立方米空间用硫黄 4g 加 80% 敌敌畏乳油 0.1g 和锯末 8g 混合点燃,密闭熏蒸一昼夜,然后放大风。在温室通风口处张挂细窗纱或防虫网。

6.4.4.2 定植

设施内气温稳定在16℃以上,夜间不低于10℃,选择晴好天气定植。按株距65cm刨穴,先向穴中浇水,待水下渗一半时,将苗坨栽好,当水全部下渗时封穴。冬季和早春定植后要及时进行地膜覆盖。

6.4.5 田间管理

6.4.5.1 温湿度

定植后2~3d尽量不通风,白天温度保持在28℃左右,夜间15~20℃。缓苗后白天温度晴天保持在20~25℃,夜间不低于10℃。开花结瓜期空气湿度保持70%~85%。可采用地面覆盖、滴灌或暗灌、通风排湿、温度调控等措施控制湿度。

6.4.5.2 光照

寒冷季节保持膜面清洁,经常清扫、擦洗棚膜,在温室后墙张挂反光幕,尽量增加温室的透光率并充分利用反射光。夏秋季节适当遮阳降温。

6.4.5.3 水分

定植时浇足定植水,3~4d后可再浇一次缓苗水,直到西葫芦根瓜长至150~200g时才可再进行地膜下灌水。进入盛果期每隔10d浇一次水。

6.4.5.4 追肥

在根瓜长至150~200g时开始追肥,以后每隔15~20d左右追一次。追肥与浇水结合进行,每667m^{2}随水冲施45%水溶复合肥10~15kg。拉秧前15d停止追肥。结瓜盛期,可叶面喷1%的红糖尿素溶液、0.5%的磷酸二氢钾溶液。寒冷季节补充二氧化碳气肥。晴天时设施内浓度控制在800~1000mg/kg。

6.4.5.5 植株调整

(1) 调整时间 当植株6~8片叶时吊蔓,8~10片叶时开始留瓜,第8、第9叶腋以下的花蕾和卷须全部除去(可视生长情况调整管理),当植株有徒长趋势时,还可降低夜温,喷施多效唑等抑制徒长。根据植株长势确定留瓜数量,长势旺盛或环境良好时留瓜3~4条,长势弱或严冬时节留瓜1~2条。商品瓜400~450g适时采收,根瓜早采。每3d盘头一次,确保植株直立生长。

（2）壮秧标准　植株外观圆柱形,节间2cm,商品瓜位置距离生长点20cm,生长点距离植株最高点20cm,叶柄长25cm,叶片直径25cm。

6.4.5.6　保花保果

雌花要开放前3d,喷施全株用西葫芦专用坐瓜灵保果。根据植株生长快慢时间,每7～14d喷施一次。

6.5　病虫防治

应从整个生态系统出发,综合运用农业、物理、生态、生物等防治措施,创造不利于病虫害发生和有利于作物生长的环境条件,保持农业生态系统的平衡和生物多样性。

6.5.1　农业防治

采取选用抗（耐）病虫、优质、高产良种；培育适龄壮苗,提高抗逆性；与非葫芦科作物进行3年以上的轮作；清洁温室；测土平衡施肥等农艺措施。

6.5.2　物理防治

采用栽前高温闷棚；晒种、温烫浸种；全生产期内防虫网隔离栽培；覆盖银灰色地膜或挂银灰色塑料条驱避蚜虫；挂黄板粘除蚜虫、潜叶蝇和白粉虱等物理措施。

6.5.3　生物防治

利用害虫天敌防治害虫,如在温室内释放丽蚜小蜂防治白粉虱；利用生物农药,如井冈霉素、农用链霉素、浏阳霉素等防治西葫芦病虫害。

6.5.4　药剂防治

以上措施不能控制病虫害时,可以使用农药。农药的选择和使用应符合GB/T 8321、NY/T 1276（全部）的要求。应识别症状,对症下药；合理混用、轮换交替使用不同作用机制或具有负交互抗性的药剂,克服和推迟病、虫抗药性的产生和发展。

6.6 采收

西葫芦以食用嫩瓜为主，达到商品瓜要求时进行采收，防止坠秧。长势旺的植株适当多留瓜、留大瓜，徒长的植株适当晚采瓜。长势弱的植株应少留瓜、早采瓜。采摘时不要损伤主蔓，瓜柄尽量留在主蔓上。生长期使用化学合成农药的西葫芦，应在农药安全间隔期之后采收。

6.7 包装、运输及贮存

包装及运输应符合GB/T 33129的要求。西葫芦适宜的贮存条件为温度5～8℃，空气相对湿度75%～85%。贮存时按品种、规格分别存放。

6.8 生产档案

建立日光温室西葫芦长季节生产技术档案，详细记录产地环境、栽培管理、农业投入品使用和采收情况，并保存3年以上，以备查阅，详细使用方法参照DB21/T 2994标准。

7 日光温室韭菜周年生产栽培技术规程

7.1 范围

本标准规范了日光温室韭菜周年生产栽培的定义、产地环境、品种选择、生产技术、病虫害防治、采收、包装、运输及生产记录。

本标准适用于日光温室韭菜周年生产。

7.2 规范性引用文件

下列文件对于本文件的应用是必不可少的。凡是注日期的引用文件，仅所注日期的版本适用于本文件，凡是不注日期的引用文件，其最新版本（包括所有的修改单）适用于本文件。

GB 16715.5 瓜菜作物种子 第5部分：绿叶菜类

GB/T 8321 农药合理使用准则
GB/T 33129 新鲜水果、蔬菜包装和冷链运输通用操作规程
NY/T 1276 农药安全使用规范　总则
DB21/T 2994 设施栽培生产记录档案管理规范

7.3　术语和定义

日光温室韭菜周年生产，指从春天播种，经历夏季养茬期和秋季养根期，然后入冬扣棚膜进行管理到冬季末生产结束的种植模式。通常4月上中旬开始播种育苗，10月下旬温室扣膜管理，翌年12月上旬采收，一直收获到4月中下旬。

7.4　产地环境

选择空气清洁，地下水及土壤无污染，远离工业区，农业环境、生态条件好的区域。

7.5　栽培技术

7.5.1　日光温室

选用辽宁省第三代节能日光温室，跨度7～10m，脊高4.1～6.1m、后墙高2.7～3.8m、后屋面水平投影1.4～2.3m。

7.5.2　品种选择

选择叶片肥厚、直立性和分蘖性强、休眠期短、萌芽快、生长快、对温度适应性强、抗病性强的品种。种子质量要符合GB 16715.5要求。

7.5.3　播种前的准备

整地施肥。4月上旬或中旬，春季土壤化冻达30cm深时整地，每667m^2施腐熟的农家肥8000～10000kg，过磷酸钙100kg。将地深翻细耙后整平，做成宽100cm、高15cm的大垄，垄帮宽20～25cm。

7.5.4　播种

7.5.4.1　播种量

一般每667m^2 4～5kg。

7.5.4.2 播种时间

当 10cm 土温达到 10~15℃时即可播种,北方一般在 5 月上中旬。

7.5.4.3 播种方法

采用干籽直播。在做好的垄内开沟,行距 15cm,沟宽 5~7cm,深 3cm,将种子均匀撒播在沟内,覆土厚 1.2~1.5cm,再用脚踩实。播种后浇一次透水。

7.5.5 播种后的育苗养根管理

7.5.5.1 保墒管理

播后浇一次透水,然后覆盖塑料薄膜,保持土壤湿润,7d 可出苗。

7.5.5.2 苗期管理

(1) 出苗后的管理　韭菜大部分出苗后应及时撤掉塑料薄膜。以后保持土壤湿润,要轻浇、勤浇水。每次浇水后应适时松土。当秧苗长到 10~15cm,适当控水,防止徒长。及时清除杂草,在浇第二次水后 2~3d 喷一次除草剂,用 33% 二甲戊灵(除草通)乳油每 $667m^2$ 100~150g 兑水 150kg,均匀喷洒地面。5 月下旬至 7 月下旬是韭蛆为害盛期,应及时防治,可用 40.7% 乐斯本乳油 0.3kg,10d 一次,连续喷两次。

(2) 越夏养茬期管理　夏季高温多雨,易徒长,长到 20cm 易倒伏,可将上部叶片割去一部分,或者将韭菜叶捆成小把,使根部通风透光,防腐烂。还要注意雨水多,垄内要及时排水防涝。

(3) 秋季养根期管理　此期应肥水充足。一般 4~5d 浇一次水,根据土壤墒情,可适当增加浇水次数。结合浇水施肥,一般冲 3 次肥,分别为亩施三元复合肥 (20-20-20) 25kg、磷酸氢二铵 25kg、硝酸铵 30kg。9 月下旬到 10 月上旬,气温逐渐下降,要减少浇水次数,不旱不浇。一般到扣上棚膜前都不用施肥。及时清除韭菜上部的残叶、老叶和垄内枯叶。10 月下旬至 11 月上旬,气温迅速下降,植株进入休眠状态,需回根,当地面表土夜冻昼化时,灌足封冻水,随水每 $667m^2$ 追施 10~15kg 氮磷钾复合肥。

7.5.6 日光温室扣膜及其后的管理

7.5.6.1 扣膜

10 月下旬至 11 月下旬冻土层为 6~10cm 时,早晨温度 0℃以下,有结冰时将棚膜扣上。

7.5.6.2 扣膜后管理

（1）温度管理　扣膜初期韭菜保持昼温 20～25℃，夜温 8～10℃。如果白天温度高于 30℃，且湿度过大，应打开顶部通风口通风。当夜温低于 8℃时应加盖草苫、纸被保温。清茬后昼温提高到 25～28℃，韭菜出土后要严格控温，昼温 17～24℃，夜温不低于 10℃。收割前 3～5d，昼温应降低 3～5℃。

（2）水肥管理　扣膜后 18～20d 韭苗可出齐，植株长到 8～10cm 时浇一次水，再过 18～20d 浇第二次水，促进第一刀产量提高。结合浇水冲施化肥硝酸铵 20～30kg、磷酸氢二铵 20kg，浇第二次水后 5～7d 收第一刀韭菜。以后每刀韭菜收割完，待新叶长出后，最好撒施一次农家肥，或者待新叶长到 8～10cm 时随水每 $667m^2$ 追施尿素 10kg。

（3）中耕培土　扣膜后 3～4d 地面温度上升，地表土渐干，用铁耙在韭垄横向扒土。扒开苗眼晒土增温，剔除死株、弱株。如发现韭蛆要进行药剂防治。温室扣膜半月后，韭菜开始返青生长，此时开始培土 2～3 次，最后培成 10cm 高的小垄。每刀韭菜株高 10cm 左右时进行一次培土，培土高 3～4cm（以不超过叶子分杈处为宜）；苗高 20cm 左右时进行第二次培土。

7.5.6.3 收割

一般扣膜后第一刀韭菜收割需要 50～60d，株高达 30～35cm，用韭刀在鳞茎以上 3cm 处收割。一般于早晚揭帘前收割最好。以后每隔 20～30d 即可收 1 刀。常年生产韭菜冬春最多可割 4～5 刀。

7.5.7 撤膜养根管理

4 月中下旬收完最后 1 刀韭菜后，采用老根多年生产的温室，应揭掉塑料薄膜，进行养根管理。在畦面上垫上肥沃、疏松、细碎的干土。垫土厚度为 1.5～2cm。韭菜露出地面后开始中耕培土，到伏雨前连续中耕培土 3 次。培成垄台高 17cm，结合培土每 $667m^2$ 追 1 次腐熟有机肥 2000～3000kg。7 月中旬至 8 月中旬韭菜抽薹开花，在花薹老化将花薹打掉。及时清除基部老叶。养根期间其他管理同育苗养根管理。

7.6　病虫害防治

7.6.1　主要病害

主要病害有灰霉病、疫病、白绢病等。主要虫害为韭蛆。农药使用方法符合 GB/T 8321 和 NY/T1276 要求。

7.6.2 防治方法

7.6.2.1 灰霉病

合理灌水，加强通风，降低空气湿度。清除病残体，运至室外深埋或烧掉。韭苗生长期可喷 50％腐霉利（速克灵）可湿性粉剂 1000～1500 倍液，隔 7d 喷一次，连喷 2～3 次，或用 45％的百菌清烟剂每 667m^2 每次 250g 熏烟。每次收割后培土前喷 50％多菌灵可湿性粉剂 500 倍液，或 50％腐霉利（速克灵）可湿性粉剂 1500 倍液。

7.6.2.2 疫病

选用抗病品种；控制降水量，注意通风降湿；清除病残体，清洁田园。药剂防治可用 90％三乙膦酸铝可湿性粉剂 500～600 倍液或 64％噁霜·锰锌可湿性粉剂 500～600 倍液或 58％甲霜·锰锌可湿性粉剂 500 倍液，10d 灌一次。

7.6.2.3 白粉病

初期发现病株时连根拔除，穴内放点生石灰；施用腐熟鸡粪；加强管理，培育壮苗；药剂防治用 15％三唑酮可湿性粉剂 1000 倍液顺垄灌根，连续 2～3 次。

7.6.2.4 韭蛆

施用充分腐熟有机肥；地面撒盖细沙或草木灰降湿，防治卵和幼虫；春秋成虫盛发期，用糖醋酒液（糖：醋：酒：水：90％晶体敌百虫＝3：3：1：10：0.1）装在盘中放在韭菜田诱杀成虫，5～7d 更换 1 次。成虫数量连续倍增时，可喷施 2.5％溴氰菊酯乳油 2500～4000 倍液，或 20％氰戊菊酯（杀灭菊酯）乳油 3000～4000 倍液。幼虫为害期，可用 90％晶体敌百虫 1000 倍液灌根杀幼虫。

7.7 包装、运输及贮存

韭菜收割后包装及运输应符合 GB/T 33129 的要求。适宜贮存条件为温度 0℃ 左右，空气相对湿度 90％～95％，存放时间最长不超过 11d。

7.8 生产档案

建立日光温室番茄越夏茬生产技术档案,详细记录产地环境、栽培管理、农业投入品使用和采收情况,并保存3年以上,以备查阅。档案管理参照 DB21/T 2994 标准。

8 日光温室芹菜高产优质高效栽培技术规程

8.1 范围

本标准规范了日光温室芹菜栽培的产地环境、栽培技术、病虫防治、采收、包装、运输及生产档案。

本标准适用于日光温室芹菜的生产。

8.2 规范性引用文件

下列文件对于本文件的应用是必不可少的。凡是注日期的引用文件,仅所注日期的版本适用于本文件,凡是不注日期的引用文件,其最新版本(包括所有的修改单)适用于本文件。

GB 16715.5 瓜菜作物种子 第5部分:绿叶菜类

GB/T 33129 新鲜水果、蔬菜包装和冷链运输通用操作规程

DB21/T 2994 设施栽培生产记录档案管理规范

8.3 产地环境

选择空气清洁,地下水及土壤无污染,远离工业区,农业环境生态条件好的区域。

8.4 栽培技术

8.4.1 栽培茬口

北方高寒地区的冬季,夏秋茬果菜类蔬菜栽培结束后,一般9~10月

育苗，11～12月定植，春节前后上市；或11～12月育苗，翌年1～2月定植，4～5月上市。

8.4.2 品种选择

选择耐寒、冬性强、抽薹迟、纤维少、丰产、抗病虫能力强的品种。种子质量要符合 GB 16715.5 要求。

8.4.3 培育壮苗

用15～20℃的清水将种子充分浸泡24h，淘洗几遍控干水，掺入5倍种子量的细沙装盆内，在15～18℃条件下催芽，每天翻1～2遍，沙子要保湿，5～7d出芽即可播种。出苗前保持棚内温度20℃左右，出苗后适当降低温度，白天不超过20℃，以15～20℃为宜，夜间不低于8℃，以后随着气温升高，苗床在白天应注意通风降温，保持15～20℃。当幼苗长到2片真叶时开始施薄肥，每667m^2施尿素5～10kg，苗密时应进行间苗，苗距(2～3)cm×(2～3)cm，以后根据情况再追施2～3次稀薄肥料，每次施尿素10kg。整个苗期应经常保持床面湿润。幼苗4～5片真叶时定植。

8.4.4 定植

8.4.4.1 整地施肥

定植前每667m^2撒施优质腐熟农家肥5000～7500kg、磷酸氢二铵15kg、尿素15kg，然后深翻细耙，并做成1m宽畦，准备定植。

8.4.4.2 定植方法

定植前一天育苗畦内浇足水，栽苗时连根挖起，抖去泥土，淘汰病苗和弱苗，并把大小苗分开，随起苗随栽。定植行距10～15cm，株距8cm（本芹），如果是西芹则株行距应加大，一般为(20～25)cm×(20～25)cm，采用单株定植，定植时用尖铲深挖畦面，把幼苗的根系舒展栽入穴中，但要注意不要把心叶埋上土，否则会影响生长。定植后应立即灌大水，防止幼苗根系架空而旱死。

8.4.5 田间管理

8.4.5.1 缓苗期管理

从定植到缓苗需15～20d。由于定植期处于高温季节，定植后应小水勤浇，保持土壤湿润，降低土温，促进缓苗。当植株心叶开始生长，可结合浇缓苗水每 667m² 追施 15kg 尿素，促进根系和叶的生长。

8.4.5.2 蹲苗期管理

缓苗后气温渐低，植株开始生长，但生长量小，需水量不大，应该控制浇水，促使发根和防止徒长。一般在缓苗水后，结合浅中耕（不超过 3cm）进行 10～15d 的蹲苗。当植株团棵、心叶开始直立向上生长（立心）、地下长出大量根系时，标志植株已结束外叶生长期而进入心叶肥大期，应结束蹲苗。

8.4.5.3 营养生长旺盛期管理

（1）水肥管理　立心以后，日均温已下降到 20℃ 以下，植株生长开始加快，一直到日平均气温下降到 14℃ 左右，是生长最快时期，也是产品器官形成的主要时期，约持续 30d。而后的 20～30d，由于气温渐低，生长缓慢，外叶的营养向心叶及根茎转移。心叶肥大期是增产的关键时期，要保证充足的水、肥。一般在蹲苗结束后应立即追施速效氮肥，每 667m² 追尿素 15～20kg，以后再追施 2～3 次氮肥，土壤缺钾时还应追施钾肥。这一时期因地表已布满白色须根，切不可缺水，一般 3～4d 浇水 1 次。霜降以后灌水量应减少，以免地温太低影响叶柄肥大。准备贮藏的芹菜，收获前 7～10d 停止浇水。为了加速叶柄生长和肥大，收获前 1 个月可叶面喷施 1 次 50mg/L 赤霉素，10d 后再喷 1 次，喷后应结合追肥和灌水，增产效果显著。

（2）温度管理　芹菜秋茬、秋冬茬栽培的定植初期正值 9 月高温季节，日光温室应大通风，必要时用遮阳网等遮光降温，白天气温保持 20～25℃，夜间 10～15℃。10 月气温下降，可撤掉遮阳网，通风口逐渐缩小。严寒季节加强保温，室温不超过 25℃ 不放风，夜间温度降至 10℃ 以下应加盖草苫、纸被保温。

（3）光照管理　芹菜不喜强光，定植初期正值高温、强光季节，必要时用遮阳网等遮光降温。进入低温期光照较弱，在很弱的光照下，如果栽植密度过大，植株容易徒长、细弱，较容易得病。因此，应尽量早揭晚盖草苫，经常清洗棚膜，增加光照时间及光照强度。

8.5 病虫害防治

8.5.1 烂心病

防治方法：播种前用种子重量 0.3% 的 47% 春雷·王铜（加瑞农）可湿

性粉剂拌种,或用47%春雷·王铜(加瑞农)可湿性粉剂400倍液浸种20～30min;发病初期清除病苗,并及时用药液喷浇,可选用77%氢氧化铜(可杀得)可湿性粉剂500倍液,或30%络氨铜水剂350倍液,或农用链霉素5000倍液,7～10d喷1次,连喷2～3次。

8.5.2 斑枯病

防治方法:禁止大水漫灌,注意日光温室通风排湿,减少夜间结露;发病初期可喷施40%氟哇唑乳油8000倍液,或80%代森锰锌可湿性粉剂600倍液,7～10d喷1次,连喷2～3次。

8.5.3 病毒病

防治方法:发病初期喷施抗毒剂1号200～300倍液,或20%吗胍·乙酸铜(盐酸吗啉胍·铜)可湿性粉剂500倍液,或1.5%烷醇·硫酸铜(植病灵)乳剂1000倍液。

8.5.4 叶斑病

防治方法:可选用70%甲基硫菌灵(甲基托布津)可湿性粉剂600倍液,或77%氢氧化铜(可杀得)可湿性粉剂500倍液,或80%代森锰锌可湿性粉剂800倍液喷雾防治。

8.5.5 蚜虫

防治方法:随时观察,发现后及时防治,可用40%吡虫啉(康福多)水剂3000～4000倍液,或2.5%联苯菊酯(天王星)乳油3000倍液,或10%吡虫啉(一遍净)可湿性粉剂2000倍液喷雾防治,7～10d喷1次,连喷2～3次。

8.6 采收

为了分期供应市场,充分发挥单株增产增效潜力,本芹可以采用掰叶采收法。株高50～60cm,每株有5～6片叶时即可陆续采收,掰收1～3片,每20～30d掰收1次。第1次掰收后要清除黄叶、烂叶和老叶。每次收后不立即浇水施肥,以免引起腐烂。收后约1周,心叶开始生长、伤口愈合后施肥灌水，每 667m² 随水施硫酸铵 10～15kg。一般可掰收 3～4 次，最后 1 次连根拔收或割收。西芹一般是一次性采收，当株高达到 70cm 以上、单株重达 0.75～1.5kg 时即可采收，整株采收，收获时连根铲起，削去根后扎捆包装上市。

8.7　包装、运输及贮存

包装及运输应符合 GB/T 33129 的要求。芹菜适宜的贮存条件为温度 0～2℃，空气相对湿度 95%～98%。贮存时按品种、规格分别存放。

8.8　生产档案

建立日光温室芹菜生产技术档案，详细记录产地环境、栽培管理、农业投入品使用和采收情况，并保存 3 年以上，以备查阅，详细使用方法参照 DB21/T 2994 标准。

第3章 露地蔬菜生产标准化

1 露地红辣椒栽培技术规程

1.1 范围

本标准规范了露地红辣椒生产的术语、产地环境、生产技术要求、采收和生产档案。

本标准适用于露地红辣椒生产。

1.2 规范性引用文件

下列文件对于本文件的应用是必不可少的。凡是注日期的引用文件,仅所注日期的版本适用于本文件。凡是不注日期的引用文件,其最新版本(包括所有的修改单)适用于本文件。

GB 16715.3 瓜菜作物种子 第3部分:茄果类

GB 2763 食品安全国家标准 食品中农药最大残留限量

GB 3095 环境空气质量标准

GB 5084 农田灌溉水质标准

GB 15618 土壤环境质量 农用地土壤污染风险管控标准

1.3 术语和定义

下列术语和定义适用于本标准。

本规程所指的红辣椒只包括露地种植的红干椒和红鲜椒两个系列的辣

椒，不包括设施种植的各种辣椒。其商品特点是果形细长、颜色鲜红、晒干后不褪色；有较浓的辛辣味；果肉含水量小，干物质含量高。

1.4 产地环境

应选择生态条件良好、远离污染源、地势高燥、排灌方便的地方；栽培土壤选择土层深厚疏松的壤土；生产地块距主干公路线 100m 以外；产地环境空气质量、灌溉水质、土壤环境应符合 GB 3095、GB 5084 和 GB 15618 的规定。

1.5 生产技术要求

1.5.1 品种选择

选择具有抗逆性强、品质好、产量高、市场认可度高等优良性状的杂交品种。种子质量应符合 GB 16715.3 标准。

1.5.2 育苗

1.5.2.1 播前准备

（1）育苗设施　可采用日光温室，定植 $667m^2$ 育苗面积为 $10m^2$，用种量为 50g，可育秧苗约 6250 株。

（2）营养土配制　选用没有种植过茄科作物的肥沃沙壤土 6 份左右，充分腐熟农家肥 4 份，分别过筛，再加入 2% 左右土曲子、5% 高级粒状肥、1% 草木灰。每 $10m^2$ 育苗面积用 45% 硫酸钾复合肥 0.5kg，8% 敌百虫粉 15g，多菌灵 30g，生物钾 50g 与土、农家肥拌均匀，铺于畦面，耙平、踩实后待播种。营养土厚度不小于 10cm。

（3）床土消毒　用 50% 多菌灵可湿性粉剂与 50% 福美双可湿性粉剂按 1∶1 混合，或用 25% 甲霜灵可湿性粉剂与 70% 代森锰锌可湿性粉剂按 9∶1 混合，按每平方米用药 8～10g 与 15～30kg 细土混合，播种时 2/3 铺在床面，1/3 覆在种子上。也可在播前床土浇透水后，用 72.2% 霜霉威盐酸盐（普力克）水剂 400～600 倍液喷洒苗床，每平方米用 2～4L。

1.5.2.2 浸种催芽

将种子以 1∶6 的比例放入 52～54℃ 的温水中，用小木棒不停搅拌，水温降到 30℃ 左右时停止搅拌，浸种 8～10h 后搓除种皮黏液及辣味，将种子从水中捞出，控干。将浸种处理后的种子装入纱布袋，放在泥瓦盆中，温度保持在 25～30℃，上盖两层湿毛巾，每天将种子袋放入 30℃ 左右温水中，投洗 1～2 次，控干水后再催芽，并经常翻动种袋，使其受热均匀，经 4～5d 有 70% 的种子露白后，即可播种。

1.5.2.3 播种

3 月 5～15 日晴天上午播种为宜。播前将苗床铺平、压实，畦面做到"肥、暖、净、细"。播前灌足底水，待水渗下后撒施 1/3 的药土（每平方米用纯多菌灵 8～10g 兑细土 3kg），种子均匀点播在床面上，也可划边长为 40cm 的方格，在格内播 1 粒种子，播种完毕再撒施剩下的 2/3 药土，然后覆营养土 0.8～1cm。盖上地膜，出苗前不宜浇水，出苗后撤掉地膜。

1.5.2.4 苗期管理

（1）温度管理 播种后注意保温，白天温度保持在 24～28℃，夜间温度保持在 15℃。

（2）水肥管理 苗期需水少，设施育苗苗期要控水防徒长，幼苗出土到第一片真叶展开期间，尽量不浇水，防止温度降低，而且湿度过大会造成幼苗徒长和猝倒病的发生。后期要适当喷水或浇小水。期间可用 0.2% 磷酸二氢钾加 0.2% 尿素混合营养液或用喷施宝等叶面肥一袋兑水 15kg 喷施。

（3）光照管理 棚膜保持清洁透光，经常去掉外膜上的覆土和碎草，及时抹去内膜上的水滴。

（4）炼苗 定植前 7d 炼苗，选择晴天上午开始放顶风。从 5 月 1 日开始，选择晴天上午加放低风，让小苗在定植前逐步接受露地环境的锻炼，以便定植后缩短缓苗时间，尽快进入营养生长。

（5）壮苗标准 苗龄为 55～60d，株高 18cm，茎粗 0.4cm，10～12 片叶，叶色浓绿，现蕾，根系发达，无病虫害。

1.5.3 定植

1.5.3.1 整地

结合合垄整地，中等肥力条件下，每 667m² 施优质有机肥 5000kg，尿素8.7kg，过磷酸钙42kg，硫酸钾8kg。大垄双行覆膜栽培，小行距50cm，大行距70cm，定植前10d覆黑色膜。

1.5.3.2 定植

5月5～15日为定植最佳时期。肥沃土壤以4000株/667m^2为宜。中等土壤以5000株/667m^2为宜。选择晴朗无风天气，用打孔器按预定株行距打深10cm的圆柱形定植穴。将苗坨置于穴中，用土封严，形成小土堆，土堆略高于畦面。定植时剔除散坨苗、病苗、弱苗。定植后立即浇定植水，水量要适当，以浸润苗坨为适宜。

1.5.4 田间管理

1.5.4.1 定植后至现蕾前的管理

以促为主，迅速提高植株营养体生长量，提早现蕾开花。定植后5～7d浇缓苗水，隔8～10d再灌一次轻稳水，严禁大水漫灌，以晴天为宜，隔20d后，再灌一次定根水。

1.5.4.2 施肥

定植缓苗后，叶苗喷施0.3％磷酸二氢钾、0.2％尿素和适量喷施宝混合营养液，每隔7～10d喷1次，连喷2～3次。6月中旬用施肥罐追施水溶肥3kg和尿素2kg；6月末用施肥罐追施尿素5kg；7月中旬用施肥罐追施水溶肥2kg、磷酸二氢钾2kg和尿素2kg。

1.5.4.3 整枝

整枝可以促使果实个大，提高干鲜椒果品质等级档次。去疯枝（营养枝，水杈）。当第一次分枝开花时，要及时去掉花蕾。第一对分枝以下主茎的叶腋内长出的枝，与主茎的夹角小，生长迅速，影响主枝分枝和椒果的正常发育，要及时修去。注意要选晴天操作，便于修后加速愈合，防止感染，要抓早抓小，做到芽不过指，枝不过寸。发现疯芽（枝）及时打掉。

1.5.4.4 后期田间管理

争取在6月末、7月初以前封垄。红辣椒株高在6月末、7月初达到50～60cm。每株有效分枝达到5次以上，结果30个左右。红辣椒的分枝开花是成倍增长型，即按照2、4、8、16的几何级数增长，第一次分枝开一朵花，所结辣椒叫门椒，应摘除；第二层开花结的果叫对椒；第三层开花结的果叫四面斗；第四层开花结的果叫八面风；第五层开花结的果叫满天星。

1.5.5 病虫害防治

1.5.5.1 防治原则

坚持"预防为主、综合防治"的植保方针，针对不同防治对象及其发生情况，根据辣椒生育期，分阶段进行综合防治，优先采用农业措施、生物措施、物理措施防治，科学、合理施用化学农药。

1.5.5.2 农业防治

选用抗病虫品种，培育适龄壮苗，严格实施轮作制度，深翻耕土，进行田间清洁，减少越冬病虫源；合理密植，科学施肥和灌水，培育健壮植株；及时摘除病叶、病果，拔除病株，带出田间烧毁或深埋。

1.5.5.3 物理防治

采用银灰色地膜驱蚜虫；覆盖防虫网避蚜虫，减轻病虫害的发生。用频振式杀虫灯诱杀各类有翅成虫；悬挂黄板诱杀蚜虫、粉虱等；悬挂蓝板诱杀蓟马、潜叶蝇等；安装光诱、性诱捕虫器捕杀。

1.5.5.4 生物防治

积极保护天敌，利用天敌防治虫害。采用核型多角体病毒、植物源农药(藜芦碱、苦参碱、印楝素等)和其他生物源农药(新植霉素、苏云金杆菌等)防治病虫害。

1.5.5.5 化学防治

（1）烟青虫　幼虫 3 龄前，用 2.5% 联苯菊酯乳油、50% 辛硫磷乳油、2.5% 高效氯氟氰菊酯乳油或 20% 氰戊菊酯(杀灭菊酯)乳油等喷雾防治。

（2）蚜虫　受害初期，用 20% 溴灭菊酯乳油、10% 吡虫啉可湿性粉剂、3% 啶虫脒乳油、10% 吡虫啉可湿性粉剂或 50% 抗蚜威可湿性粉剂轮换喷雾防治。

（3）茶黄螨　茶黄螨生活周期较短，繁殖力极强，应特别注意早期防治，第 1 次施药时间一般在 5 月底至 6 月初或初花阶段。用 5% 噻螨酮乳油、35% 哒螨灵(杀螨特)乳油或 73% 炔螨特乳油喷雾，隔 7~10 d 喷 1 次，连续防治3次。

（4）红蜘蛛　扩散初期，用苦参碱、10％浏阳霉素乳油、1.8％阿维菌素乳油、5％噻螨酮乳油或15％哒螨灵乳油轮换喷雾防治。

（5）猝倒病　发病初期，用杀菌剂喷雾，隔7～10d喷1次，连喷2～3次。

（6）立枯病　中心病株出现阶段，用杀菌剂喷雾防治，隔7～10d喷1次，轮换用药2～3次。

（7）病毒病　在有翅蚜集中迁入阶段，用吡虫啉等进行全田喷雾，治蚜防病；在发病初期，用宁南霉素可溶性水剂等杀菌剂喷雾防治，隔7～10d喷1次，连喷2～3次。

（8）炭疽病　发病初期，用碱式硫酸铜悬浮剂或代森锰锌可湿性粉剂交替喷雾防治，隔7～10d喷1次，连喷2～3次。

（9）灰霉病　发病初期，用福美双可湿性粉剂、百菌清可湿性粉剂等杀菌剂喷雾，隔7～10d喷1次，视病情连续防治2～3次。

（10）白粉病　发病初期，用甲基硫菌灵可湿性粉剂等杀菌剂喷雾，隔7～10d喷1次，视病情连喷2～3次。

（11）细菌性叶斑病　发病初期用春雷霉素、多抗霉素、链霉素等药剂喷雾，隔7～10d防1次，连续用药2～3次。

（12）青枯病　零星发病田块及时拔除病株并集中深埋或烧毁，病穴用甲醛液或石灰水灌注消毒。出现零星病株时用链霉素或多抗霉素喷雾防治，每隔7～10d喷1次，连用3～4次；或用链霉素、氢氧化铜交替灌根，每株250g，隔7～10d灌1次，连用2～3次。

（13）枯萎病　发病初期用氨基寡糖素等药液灌根，每株灌药液0.5kg左右，隔7～10d灌药1次，连续灌根2～3次。

（14）软腐病　在辣椒植株结果期，雨前雨后及时喷药保护，用碱式硫酸铜悬浮剂、链霉素等，交替使用，隔7～10d喷1次，连喷2～3次。

1.6　采收

红鲜椒收获出售：8月末可喷催红素1～2遍，9月上旬可采摘两次红鲜椒，市场收购鲜椒时，可在果实红透时及时采摘出售，使未成熟的青椒在有限的时间内吸收全部养分，争取全部成熟。

红干椒收获出售：10月中旬进行收获。将植株连根拔除，在田间或场院根对根码垛进行晾晒，5~7d翻动一次，待椒果晾晒到手握无气、手捻不转时按要求分级采摘贮存，于早晨出售。

1.7 生产档案

从种苗到产品销售的各个环节使用的生产资料、场所、天气、生产作业、生育进程和遇到的主要问题及处理方法、结果都要建立完整的档案，至少保存3年。

2 大葱栽培技术规程

2.1 范围

本标准规范了大葱栽培的定义、产地环境、品种选择、生产技术、病虫害防治、采收、包装、运输及生产记录。

本标准适用于大葱生产。

2.2 规范性引用文件

下列文件对于本文件的应用是必不可少的。凡是注日期的引用文件，仅所注日期的版本适用于本文件，凡是不注日期的引用文件，其最新版本（包括所有的修改单）适用于本文件。

GB/T 8321 农药合理使用准则

GB/T 33129 新鲜水果、蔬菜包装和冷链运输通用操作规程

NY/T 1276 农药安全使用规范　总则

GB 8079—87 蔬菜种子　葱蒜类

2.3 产地环境

选择农业环境生态条件好、远离工业区、空气清洁、地下水及土壤无污染，具有可持续生产能力的农业生产区域。还应选择地势高燥、排灌方便、地下水位较低、土层深厚疏松的壤土地块。

2.4 栽培技术

2.4.1 品种选择

选用抗病虫、抗寒、耐热、适应性广、不分蘖、商品性好、高产耐贮的品种。

2.4.2 种子质量

种子质量应符合 GB 8079—87 中二级以上要求。

2.4.3 秋播

2.4.3.1 用种量

每 $667m^2$ 用种 1.3~1.5kg，可移栽 3~5 亩大葱。

2.4.3.2 种子处理

用 55℃ 温水搅拌浸种 20~30min，捞出洗净晾干后播种。也可以直接拌细沙撒施。

2.4.3.3 整地

选地势平坦，排灌方便，土质肥沃，近三年未种过葱蒜类蔬菜的地块。结合整地每 $667m^2$ 施腐熟有机肥 6000~8000kg，磷酸氢二铵 20kg。浅耕细耙，整平作畦。

2.4.3.4 播种

秋播 9 月中旬~10 月上旬，白露前 10~15d 左右，平均气温稳定在 16.5~17℃ 为宜。

2.4.3.5 苗期管理

苗出齐后，保持土壤见干见湿，适当控制水肥，上冻前浇一次冻水，寒冷地区可覆盖一层马粪或碎草等防寒。幼苗株高 8~10cm，三片叶时越冬。翌年春季土壤解冻后及时浇返青水，幼苗返青后结合浇水每 $667m^2$ 追施氮肥 4kg。间苗 1~2 次，苗距 3~4cm，定植前 7~10d 停止浇水。

2.4.3.6 越冬苗标准

株高 10cm，茎粗<0.4cm，2~3 片真叶，苗龄 50d 左右。

2.4.4 定植

2.4.4.1 定植时间

翌年5月中旬~6月上旬。

2.4.4.2 选地整地

选择土层深厚、肥沃，2~3年没栽过葱的地块，地块秋翻春耙整平。

2.4.4.3 起苗分级

起苗前1~2d，轻浇水一次，起苗时抖净泥土，边起苗边选苗分级。剔除病弱苗、伤残苗和有蒜苗，将葱苗分为大中小三级。

2.4.4.4 定植苗适宜标准

株高30~40cm，6~7片叶，茎粗1.0~1.5cm，无分蘖，无病虫害。

2.4.4.5 定植方法

大葱定植深度以不超过叶分杈处为度，定植有湿栽法和干栽法两种。

（1）湿栽法 先在栽植沟灌水，使沟底土壤湿润，然后人站在另一个未灌水的沟内或垄上，用食指或葱叉按株距将葱根插入泥土内。

（2）干栽法 先将大葱秧苗靠在沟壁一侧，按要求株距摆好，然后覆土盖根，踩实，灌水。

2.4.4.6 定植密度

根据大葱的品种特性、土壤肥力、秧苗大小及栽植时间的早晚而定。一般长葱白型品种每667m^2地栽植18000~23000株，短葱白型品种每667m^2地栽植20000~30000株。株距为4~6cm，定植早的可适当稀一些，定植晚的可适当密一些，大苗适当稀植，小苗适当密植。为了使植株生长整齐，便于密植和田间管理，避免以后培土时损伤葱叶，栽植时应使葱叶展开方向与行向呈45°角，并且所有植株的叶朝向相同的方向。

2.4.5 田间管理

2.4.5.1 中耕除草

定植缓苗后，天气逐渐进入炎热夏季，植株处于半休眠状态，一般不浇水，中耕保墒，清除杂草，雨后及时排出田间积水。

2.4.5.2 浇水

进入 8 月份，大葱开始旺盛生长，要保持土壤湿润，逐渐增加浇水次数和加大水量，收获前 7～10d 停止浇水。

2.4.5.3 追肥

追肥品种以尿素、硫酸钾为主。底肥每 $667m^2$ 施农家肥 $4m^3$，硫酸钾型复合肥 15kg。7 月中旬，每 $667m^2$ 追施 15～20kg 尿素。生长中后期还可用 0.5％磷酸二氢钾溶液等叶面追肥 2～3 次。

2.4.5.4 培土

为软化葱白，防止倒伏，要结合追肥浇水进行 3 次培土。8 月 1 日起开始培土，第一次 8cm，每半个月培一次，第二次 10cm，最后一次高培，高度最终达到 50cm 以上，但以不埋住五杈股（外叶分杈处）为宜，将行间的潮湿土尽量培到植株两侧并拍实。

2.5 病虫害防治

2.5.1 防治原则

遵循"预防为主、综合防治"的原则，运用各种防治措施，创造不利于病原微生物及害虫滋生的环境条件，保护利用各类天敌，保持田间生态平衡。优先采用农业措施、物理防治、生物防治和化学防治。各农药品种的使用要严格遵守安全间隔期，应符合无公害生产要求。

2.5.2 农业措施

（1）选用当地适用的优良品种。

（2）清洁田园，减少毒源　适时播种，加强肥水管理，重施有机肥，多用复合肥或磷钾肥，忌偏施氮肥。

（3）与粮食作物实行 2～3 年轮作　合理密植，定植时剔除病苗，防止大水漫灌。

2.5.3 物理防治

田间悬挂黄蓝板诱杀蝇虫等飞虱类害虫。对发生量少、分布集中或具有假死性的害虫，采用人工捕杀。

2.5.4 生物防治

保护和利用当地主要的有益生物。采用植物源杀虫剂防治,如苦参碱等。

2.5.5 化学防治

2.5.5.1 霜霉病

发病初期喷洒75%百菌清可湿性粉剂600倍液、50%琥铜•甲霜灵(甲霜铜)可湿性粉剂800~1000倍液、90%三乙膦酸铝可湿性粉剂400~500倍液,隔7~10d喷药1次,连续防治2~3次。

2.5.5.2 锈病

发病初期用65%代森锰锌可湿性粉剂400~500倍液,或喷洒15%三唑酮可湿性粉剂2000~2500倍液,每7d喷药1次,连续防治2~3次。

2.5.5.3 紫斑病

发病初期可选喷75%百菌清可湿性粉剂,58%甲霜•锰锌可湿性粉剂500倍液,7~10d天1次,连喷3次。也可喷洒2%多抗霉素可湿性粉剂3000倍液。

2.5.5.4 黑斑病

于发病初开始喷洒75%百菌清可湿性粉剂600倍液、50%多菌灵可湿性粉剂500倍液、50%琥胶肥酸铜可湿性粉剂300倍液,隔7~10d防治1次,连续3~4次。

2.5.5.5 灰霉病

发病初期轮换施50%腐霉利(速克灵)或25%甲霜灵可湿性粉剂1000倍液,或40%嘧霉胺(施佳乐)悬浮剂1200倍液,或50%异菌脲可湿性粉剂1000倍液等药剂喷雾防治,每7d喷药1次,连续防治2~3次。

2.5.5.6 葱地种蝇

施肥驱蝇。葱蝇具有腐食性,施入田间的各种粪肥和饼肥等农家肥料必须充分腐熟,以减少害虫聚集。多施入河泥、炕土和老房土等作底肥,河泥、炕土和老房土等具有葱蝇不喜欢的气味,有驱蝇性。或用糖醋液诱杀成虫。用红糖0.5kg、醋0.25kg、酒0.05kg、清水0.5kg,加敌百虫少许，把配制好的糖醋液倒入盆中，保持 5cm 深，放入田间即可。成虫发生期喷施 2.5％溴氰菊酯 3000 倍液，隔 7d 喷 1 次。连续喷 2～3 次。也可采用 10％吡虫啉可湿性粉剂 1500 倍液灌根。

2.5.5.7 葱斑潜蝇

用 1.8％阿维菌素乳油 3000 倍液喷雾防治，也可采用诱杀成虫的方法，可用红糖、醋各 100g，加水 1000g 煮沸，加入 40g 敌百虫，调至均匀，然后均匀地拌在 40kg 干草和树叶上，撒入田间诱杀成虫。

2.5.5.8 葱蓟马

利用白色油板诱杀葱蓟马。方法是：用白色纸板，在正反两面涂上药油（油里加上辛硫磷少许），把制好的白色油板以距地面 50cm 的高度，间距 7m 确定位置，在晴天的上午 9～12 时将白色油板面向西南方向固定好。具有很好的诱杀效果。也可使用 5％啶虫脒乳油防治。

2.6 采收

大葱的收获期一般在 10 月上中旬。避开雨天采收。刨收前 7～10d，大葱田停止浇水，以利于刨收、贮存和上市。收获后抖净泥土，摊放地面晾晒 2～3d，待叶片柔软，须根和葱白表层半干时除去枯叶，分级打捆，放阴凉处贮藏，干葱率达 60％～70％。

2.7 包装、运输及贮存

包装及运输应符合 GB/T 33129 的要求。包装要求用干净、无污染的编织袋，摆形包装。运送大葱的车辆必须清洁、无污染、无杂物，并且装葱前要彻底清理；不应与其他有毒有害物混存混运。应轻装轻卸，不应重压。而且不允许使用装过鱼、海鲜等易串味的产品或汽油、机油等化学产品的车辆运输；还要根据季节条件适当配备防晒、防雨淋、防冰冻的设施。贮藏应选择清洁、卫生、无污染的场所。大葱适宜的冷藏温度为 －0.6～3℃。

2.8 生产档案

建立大葱生产技术档案，详细记录产地环境、栽培管理、农业投入品使用和采收情况,并保存3年以上,以备查阅。

3 露地结球甘蓝栽培技术规程

3.1 范围

本标准规范了结球甘蓝的产地环境、栽培技术、病虫害防治、采收、包装、运输及生产记录等。

本标准适用于结球甘蓝的生产。

3.2 规范性引用文件

下列文件对于本文件的应用是必不可少的。凡是注日期的引用文件,仅所注日期的版本适用于本文件,凡是不注日期的引用文件,其最新版本(包括所有的修改单)适用于本文件。

GB 16715.4 瓜菜作物种子 第4部分:甘蓝类

GB 5084 农田灌溉水质标准

GB 15618 土壤环境质量 农用地土壤污染风险管控标准

GB 3095 环境空气质量标准

GB/T 8321 农药合理使用准则

NY/T 1276 农药安全使用规范 总则

NY/T 394 绿色食品肥料使用准则

3.3 产地环境

产地应选择空气清洁,地下水及土壤无污染,远离工业区,农业环境生态条件好的区域。产地环境符合 GB 5084、GB 15618、GB 3095 要求。

3.4 栽培技术

3.4.1 品种选择

3.4.1.1 选择原则

选用抗病、优质、高产、商品性好、性状稳定、适合市场需求的早、中、晚熟品种。

3.4.1.2 种子质量

种子质量要符合 GB 16715.4 要求。

3.4.2 育苗

3.4.2.1 播种前的准备

（1）育苗设施　根据栽培季节和方式，可在保护设施或露地育苗。春甘蓝采用塑料小棚或塑料大棚育苗。夏秋甘蓝采用防雨、防虫、遮阳棚育苗。

（2）营养土　选用近三年来未种过十字花科作物的肥沃田土2份与经无害化处理的有机肥1份配合，并按每立方米加 $N：P_2O_5：K_2O$ 为 15：15：15 的三元复合肥 1kg 或相应养分的单质肥料混合均匀待用。将营养土铺入苗床，厚度约10cm。

（3）药土配制　用50%多菌灵可湿性粉剂与50%福美双可湿性粉剂按1：1比例混合，或25%甲霜灵可湿性粉剂与70%代森锰锌可湿性粉剂按9：1比例混合，按每平方米用药8～10g与4～5kg过筛细土混合，播种时三分之二铺于床面，三分之一覆盖在种子上。

3.4.2.2 播种

（1）播种期　根据当地气象条件和品种特性，选择适宜的播期。春甘蓝在晚冬选用大棚育苗，推迟播种期，缩短育苗期，减少低温影响，防止未熟抽薹。

（2）播种量　根据定植密度和种子的大小，每 $667m^2$ 栽培面积育苗用种量40～60g。每平方米播种床播种10～15g。

（3）播种方法　浇足底水，水渗后覆一层药土，将种子均匀撒播于床面，再撒一层药土，覆土厚0.6～0.8cm。

（4）分苗　当幼苗2～3片真叶时，分苗于苗床上或营养钵内。夏秋育苗，要在防雨、遮阳、防虫棚中分苗。

（5）分苗后管理　缓苗后，床土不干不浇水，浇水宜浇小水或喷水。定植前7d炼苗。要防止床土过干，也要在雨后及时排除苗床内积水。

3.4.2.3 壮苗标准

植株健壮，5～6片叶，叶片肥厚蜡粉多，根系发达，无病虫害。

3.4.3 定植

3.4.3.1 定植前准备

(1) 施肥原则　按 NY/T 394 的规定执行，限制使用含氯化肥。

(2) 施肥整地　根据土壤养分测定结果及甘蓝需肥特点，提倡平衡配方施肥。在中等肥力土壤条件下，结合整地，每 667m^2 施经无害化处理的有机肥 3000～4000kg，合理配合使用化肥。肥料撒施，与土壤混匀，耙细作畦。

3.4.3.2 定植时间

春甘蓝应于春季土壤化冻、重霜过后定植。

3.4.3.3 定植密度及方法

定植密度应根据品种特性、气候条件和土壤肥力等确定，一般每 667m^2 定植早熟种 4000～5000 株、中熟种 3000～3500 株、晚熟种 1600～2000 株。

3.4.3.4 定植后管理

气温高、雨量少的时期，要定期灌水，每次灌水后须立即排除沟内余水，防止浸泡时间过长，发生沤根。叶球生长完成后，停止灌水，以防叶球开裂。秧苗活棵后到植株封行前，要进行 2～3 次中耕除草，并在中耕除草时培土护根。追肥应结合灌水进行，在肥料的总用量上，要以氮、钾肥料为主，适当配合磷肥。追肥的重点应放在莲座叶生长的盛期和结球的前期和中期，在结球后期一般停止追肥。

3.5　病虫害防治

3.5.1　病虫害防治原则

贯彻"预防为主、综合防治"的植保方针，优先采用农业防治、物理防治、生物防治，科学合理地使用化学防治，将甘蓝有害生物的危害控制在允许的经济阈值以下，达到生产安全、优质的绿色食品（A 级）甘蓝的目的。

3.5.2 农业防治

实行3~4年轮作，选用抗性品种，培育壮苗，增施有机肥，合理使用化肥，清洁田园。

3.5.3 物理防治

种子消毒，温汤浸种，黄板诱蚜，灯光诱杀，防虫网防虫。

3.5.4 生物防治

保护利用天敌防治病虫害。使用苦参碱、印楝素、银泰等植物源农药和康壮素、阿维菌素（齐墩螨素）、苏云金杆菌（Bt）等其他生物源农药，防治病虫害。

3.5.5 化学防治

合理轮换和混用农药，防治时严格按照NY/T 1276和GB/T 8321执行。

3.5.5.1 病害防治

（1）霜霉病　发病初期，每667m² 用45%百菌清烟雾剂110~180g，傍晚密闭熏蒸。每隔7d熏1次，共熏3~4次。发现中心病株后，用40%三乙膦酸铝可湿性粉剂150~200倍液，或72.2%霜霉威盐酸盐水剂600~800倍液，或75%百菌清可湿性粉剂500倍液，或72%霜脲•锰锌600~800倍液，或69%烯酰•锰锌（安克锰锌）500~600倍液喷雾，交替、轮换使用，7~10d防治1次，连续防治2~3次。

（2）黑斑病　发病初期用75%百菌清可湿性粉剂500~600倍液，或50%异菌脲可湿性粉剂1500倍液，7~10d防治1次，连续防治2~3次。

（3）黑腐病　发病初期用14%络氨铜水剂600倍液，或77%氢氧化铜可湿性粉剂500倍液，或72%农用链霉素可溶粉剂4000倍液，7~10d喷1次，连喷2~3次。

（4）菌核病　用40%菌核净1500~2000倍液，或50%腐霉利1000~2000倍液，发病初期开始用药，间隔7~10d，连续防治2~3次。

（5）软腐病　用77%氢氧化铜400~600倍液，发病初期开始用药，间隔7~10d，连续防治2~3次。

3.5.5.2 虫害防治

（1）菜青虫　卵孵化盛期，选用苏云金杆菌（Bt）可湿性粉剂 1000 倍液，或 5％氟啶脲（定虫隆）乳油 1500～2500 倍液喷雾。在低龄幼虫发生高峰期，选用 2.5％氯氟氰菊酯乳油 2500～5000 倍液，或 10％联苯菊酯乳油 1000 倍液，或 50％辛硫磷乳油 1000 倍液，或 1.8％阿维菌素（齐墩螨素）3000～4000 倍液喷雾。

（2）小菜蛾　于 2 龄幼虫盛期，每 667m^2 用 5％氟虫腈悬浮剂 17～34mL，加水 50～75L，或 5％氟啶脲（定虫隆）乳油 1500～2000 倍液，或 1.8％阿维菌素（齐墩螨素）乳油 3000 倍液，或苏云金杆菌（Bt）可湿性粉剂 1000 倍液喷雾。轮换、交替使用。

（3）蚜虫　用 50％抗蚜威可湿性粉剂 2000～3000 倍液，或 10％吡虫啉可湿性粉剂 15000 倍液，或 3％啶虫脒 3000 倍液，或 5％高氯·啶虫脒（啶高氯）3000 倍液喷雾，6～7d 喷 1 次，连喷 2～3 次。用药时可加入适量展着剂。

（4）夜蛾科害虫　在幼虫 3 龄前，用 5％氟啶脲（定虫隆）乳油 1500～2500 倍液，或 37.5％硫双威悬浮剂 1500 倍液，或 20％虫酰肼 1000 倍液喷雾，晴天傍晚用药，阴天可全天用药。

3.6　采收

根据结球甘蓝的生长情况和市场的需求，陆续或集中采收上市。叶球大小定型、八成充实时即可采收。上市前可喷洒 500 倍液的高脂膜，防止叶片失水萎蔫。除去黄叶及有病虫斑的叶片，按照叶球的大小分级包装。

3.7　生产档案

建立甘蓝田间生产技术档案，详细记录产地环境、栽培管理、病虫害防治和采收、包装、运输、贮藏等各环节所采取的具体措施。

4　露地花椰菜栽培技术规程

4.1　范围

本标准规范了花椰菜的产地环境、栽培技术、病虫害防治、采收及生产档案等。

本标准适用于花椰菜的生产。

4.2 规范性引用文件

下列文件对于本文件的应用是必不可少的。凡是注日期的引用文件，仅所注日期的版本适用于本文件，凡是不注日期的引用文件，其最新版本（包括所有的修改单）适用于本文件。

GB 16715.4 瓜菜作物种子 第 4 部分：甘蓝类

GB 5084 农田灌溉水质标准

GB 15618 土壤环境质量 农用地土壤污染风险管控标准

GB 3095 环境空气质量标准

4.3 产地环境

产地应选择空气清洁，地下水及土壤无污染，远离工业区，农业环境生态条件好的区域。产地环境符合 GB 5084、GB 15618、GB 3095 要求。

4.4 栽培技术

4.4.1 品种选择

选择抗病、优质、高产、耐贮运、商品性好、适合市场需求的品种。冬春栽培选择耐低温弱光、对病害多抗的品种；夏秋栽培选择高抗病毒病、耐热的品种。种子质量要符合 GB 16715.4 要求。

4.4.2 育苗

4.4.2.1 播种前的准备

（1）育苗设施 根据栽培季节可在保护设施中或露地育苗，春栽采用日光温室育苗。秋栽可选用露地、大棚、日光温室育苗，但夏季育苗需遮阳防虫。

（2）营养土 选用近三年来未种过十字花科作物的肥沃园土 2 份与经无害化处理的过筛有机肥 1 份配合，并按每立方米加 $N：P_2O_5：K_2O$ 为 15：15：15 的三元复合肥 1~1.5kg 或相应养分的单质肥料混合均匀，装入育苗钵中，或直接铺入苗床内，厚度 10～12cm。有条件的可用商品基质。

(3) 药土配制　用 50% 多菌灵可湿性粉剂与 50% 福美双可湿性粉剂按 1∶1 比例混合，或 25% 甲霜灵可湿性粉剂与 70% 代森锰锌可湿性粉剂按 9∶1 比例混合，按每立方米用药 8～10g 与 4～5kg 过筛细土混合，播种时 2/3 铺于床面，1/3 覆盖在种子上。

4.4.2.2　播种

(1) 播种期　花椰菜品种之间对温度的敏感性差异很大，应根据上市期和品种特性，选择适宜的播期。春花椰菜在 2 月中下旬至 3 月上旬播种。秋花椰菜 6 月下旬至 7 月上旬播种。

(2) 播种量　根据定植密度和种子的大小，每 667m^2 栽培面积育苗用种量 30～60g。设施栽培每平方米播种 3～4g，露地每平方米播种 5～8g。如营养钵点播，一般要播所栽株数的 1.5 倍数量的种子。

(3) 播种方法　浇足底水，水渗后覆一层药土，将种子均匀撒播于床面，再撒一层药土，覆土厚 0.6～0.8cm。夏季播种前，可将种子浸在冷凉水中 1h 左右，然后捞出晾干后即可播种。包衣种子可直接播种。

4.4.2.3　苗期管理

(1) 温度和水分管理　温度管理：出苗期地温 20℃ 左右。出苗后地温应降至 18℃ 以下，白天气温 25℃ 左右，夜间 8～10℃，分苗缓苗期地温 18～20℃，缓苗后温度恢复到分苗前标准。

水分管理：播种后如土壤底水足，出苗前可不再浇水；否则应在覆盖物（草帘、遮阳网）上喷水补足。出苗后视土壤墒情浇水，夏季宜在早晨和傍晚浇，且水要足。

(2) 间苗和分苗　幼苗两叶一心时，要及时间苗；苗长到 3～4 叶时分苗，行株距 7～10cm，边分苗，边浇水，边遮阳。

(3) 分苗后管理　分苗活棵后，轻施 1 次氮肥。缓苗后苗床土不干不浇水，宜浇小水或喷水。春栽培定植前 7d 低温炼苗。秋育苗，要防止床土过干，也要在雨后及时排除苗床内积水。

4.4.2.4　壮苗标准

植株节间短，苗龄 30～60d、5～6 片叶（早熟种苗龄 20～25d、4～6 片叶），叶柄较短，叶片肥厚，叶丛紧凑，植株大小均匀，根系发达，无病虫害。

4.4.3 定植

4.4.3.1 定植期

春茬花椰菜一般在春季土壤化冻、重霜过后定植。高温季节定植要遮阳降温，严冬要注意保温。定植时要考虑排开上市，故应排开定植。

4.4.3.2 定植方法

采用垄上单行定植，低温季节覆盖地膜。

4.4.3.3 定植密度

根据品种特性、气候条件和土壤肥力，早熟品种行距50cm，株距40～50cm，中熟品种行距60～70cm，株距60cm。

4.4.4 定植后管理

4.4.4.1 生长前期（缓苗至莲座期）

定植后4～5d浇缓苗水，缓苗后，结合浇水每667m^2追施尿素10～15kg，然后进行蹲苗。早、中熟品种蹲苗7～10d，晚熟品种10～12d。

4.4.4.2 生长中后期（花球形成期）

浇水以保持土壤湿润为原则。当花球直径3～4cm时，结合浇水每667m^2追施氮磷钾复合肥（15-15-15）20kg，中晚熟品种可追加1次追肥。当花球直径8～10cm时，要束叶或折叶盖花，以保持花球洁白。

4.5 病虫害防治

4.5.1 主要病虫害

病害以霜霉病、黑斑病、黑腐病为主；虫害以小菜蛾、菜青虫、蚜虫、夜蛾科害虫为主。

4.5.2 病虫害防治原则

贯彻"预防为主、综合防治"的植保方针，优先采用农业防治、物理防治、生物防治，配合科学合理地使用化学防治，将花椰菜有害生物的危害控制在允许的经济阈值以下。

4.5.3 农业防治

实行3～4年轮作；选用抗病品种；创造适宜的生育环境条件，培育适龄壮苗，提高抗逆性；控制好温度和空气湿度；测土平衡施肥，施用经无害化处理的有机肥，适当少施化肥；深沟高畦，严防积水；在采收后将残枝败叶和杂草及时清理干净，集中进行无害化处理，保持田间清洁。

4.5.4 物理防治

4.5.4.1 黄板诱杀

每667m^2大田设置100cm×20cm的黄板30～40块，涂一层机油后插在田间厢面上并高出植株顶部诱杀蚜虫，一般每7～10d需熏涂1次机油。

4.5.4.2 杀虫灯诱杀

每1.33～2.0km^2菜田安装频振式杀虫灯1盏，诱杀菜青虫成虫、小菜蛾、甜菜夜蛾、小地老虎等鳞翅目昆虫，降低田间落卵量。杀虫灯悬挂高度一般为灯的底端离地1.2～1.5m。

4.5.4.3 糖醋液或性诱剂诱杀

用糖醋液杀甜菜夜蛾和地老虎，用性诱剂诱杀小菜蛾、甜菜夜蛾、斜纹夜蛾，用新鲜菜叶、青草堆成小堆，诱杀地老虎等。

4.5.4.4 利用银灰膜、防虫网避虫、抑虫

挂银灰色地膜条驱避蚜虫。在夏秋阶段，采用60目防虫网全程覆盖，能有效隔离菜粉蝶、斜纹夜蛾。

4.5.5 生物防治

保护利用天敌，防治病虫害。使用苦参碱、印楝素、银泰等植物源农药和康壮素、Bt等其他生物源农药，防治病虫害。

4.5.6 化学防治

4.5.6.1 霜霉病

发病初期，每667m^2用45%百菌清烟雾剂110～180g，傍晚密闭熏

蒸。每隔7d熏1次，共熏3～4次。发现中心病株后，用40%三乙膦酸铝可湿性粉剂150～200倍液，或72.2%霜霉威盐酸盐水剂600～800倍液，或75%百菌清可湿性粉剂500倍液，或72%霜脲·锰锌600～800倍液，或69%烯酰·锰锌（安克锰锌）500～600倍液喷雾，交替、轮换使用，7～10d防治1次，连续防治2～3次。

4.5.6.2 黑斑病

发病初期用75%百菌清可湿性粉剂500～600倍液，或50%异菌脲可湿性粉剂1500倍液，7～10d防治1次，连续防治2～3次。

4.5.6.3 黑腐病

发病初期用14%络氨铜水剂600倍液，或77%氢氧化铜可湿性粉剂500倍液，或72%农用链霉素可溶粉剂4000倍液，7～10d喷1次，连喷2～3次。

4.5.6.4 菜青虫

卵孵化盛期，选用苏云金杆菌（Bt）可湿性粉剂1000倍液，或5%氟啶脲（定虫隆）乳油1500～2500倍液喷雾。在低龄幼虫发生高峰期，选用2.5%氯氟氰菊酯乳油2500～5000倍液，或10%联苯菊酯乳油1000倍液，或50%辛硫磷乳油1000倍液，或1.8%阿维菌素（齐墩螨素）3000～4000倍液喷雾。

4.5.6.5 小菜蛾

于2龄幼虫盛期，每667m^2用5%氟虫腈悬浮剂17～34mL，加水50～75L，或5%氟啶脲（定虫隆）乳油1500～2000倍液，或1.8%阿维菌素（齐墩螨素）乳油3000倍液，或苏云金杆菌（Bt）可湿性粉剂1000倍液喷雾。轮换、交替使用。

4.5.6.6 蚜虫

用50%抗蚜威可湿性粉剂2000～3000倍液，或10%吡虫啉可湿性粉剂15000倍液，或3%啶虫脒3000倍液，或5%高氯·啶虫脒（啶高氯）3000倍液喷雾，6～7d喷一次，连喷2～3次。用药时可加入适量展着剂。

4.5.6.7 夜蛾科害虫

在幼虫3龄前，用5%氟啶脲（定虫隆）乳油1500～2500倍液，或37.5%硫双威悬浮剂1500倍液，或20%虫酰肼1000倍喷雾，晴天傍晚用药，阴天可全天用药。

4.6 采收

4.6.1 采收的标准

花球充分长大，表面圆正，边缘尚未散开。

4.6.2 采收时期

根据花球的生长情况、环境温度和市场的需求，决定采收上市时期。

4.6.3 采收方法

在总花茎分枝下保留几片嫩叶，保护花球，外运蔬菜采收时应保留3～4片外叶，稍晾后贮藏于冷库恒温待运。

4.7 包装、运输及贮存

4.7.1 包装

采用箱或筐包装，按照品种、花球的大小和坚实度进行分级包装。同一件包装内的产品应摆放整齐、紧密且规格相同。

4.7.2 贮存

贮存时应按品种、规格分别贮存。贮存时温度应保持在0～4℃，空气相对湿度保持在90％～95％。库内堆码应保证空气流通。在贮存前必须保证花球无游离水分，贮藏过程中应避免凝结水落在花球上，防止花球霉烂。贮藏库要事先进行消毒。

4.7.3 运输

运输过程中注意防冻、防雨淋、防晒、通风散热。

4.8 生产档案

建立花椰菜生产技术档案，详细记录产地环境、栽培管理、病虫害防治和采收、包装、运输、贮藏等各环节所采取的具体措施，并保存 3 年以上。

5 洋葱栽培技术规程

5.1 范围

本标准规范了洋葱的产地环境、栽培技术、病虫害防治、采收、包装、运输及生产档案等。

本标准适用于洋葱的生产。

5.2 规范性引用文件

下列文件对于本文件的应用是必不可少的。凡是注日期的引用文件，仅所注日期的版本适用于本文件，凡是不注日期的引用文件，其最新版本（包括所有的修改单）适用于本文件。

GB 8079—87 蔬菜种子　葱蒜类

GB/T 8321 农药合理使用准则

NY/T 1276 农药安全使用规范　总则

5.3 产地环境

选择空气清洁，地下水及土壤无污染，远离工业区，农业环境生态条件好的区域。还应选择地势高燥、排灌方便、地下水位低、土层深厚疏松的壤土。

5.4 栽培技术

5.4.1 品种选择

种子质量符合 GB 8079—87 中的二级以上要求。在符合栽培和消费习惯的前提下，宜选用抗病优质的洋葱品种。选择皮色适宜，品质好，抗病性和抗逆性强，耐贮藏，口感好，产量高的优良品种。

5.4.2 育苗

5.4.2.1 育苗方式

一般采用秋露地播种育苗,假植囤苗越冬的办法。也可用日光温室早春设施育苗。

5.4.2.2 播种前准备

育苗地作成平畦,每 $10m^2$ 均匀施入精制有机肥 50kg,磷酸氢二铵 0.5kg,土肥均匀后整平畦面。

5.4.2.3 播种

(1) 播种期　秋播在 8 月中旬为适宜播期;日光温室早春育苗宜在 1 月中旬播种。

(2) 播种量　一般每 $667m^2$ 栽培面积用种量 400~500g。每平方米播种床播种量 5~6g。

(3) 播种方法　播种前苗床浇足底水,湿润至床土深 10cm。水渗下后用营养土薄撒一层,找平床面,均匀撒播。播后覆营养土 0.8~1.0cm。

5.4.2.4 苗期管理

(1) 间苗　幼苗长至 2~3 片叶时,适当进行间苗,苗间距 3~5cm 见方,并及时去除杂草。

(2) 间苗后管理　苗期以控水控肥为主。在秧苗 2~3 片真叶时,追施提苗肥,每 $667m^2$ 施用尿素 3~4kg。

5.4.2.5 囤苗

一般采用地表沟假植法。首先选好地点,将土翻匀,如底墒不足,可提前浇水造墒。然后用镐开假植沟,深度 5~7cm,以埋住秧苗叶梢部为准。幼苗带根挖出后,抖净泥土,按粗细分级后分别捆成 7~8cm 粗的小捆,然后把小捆依次码入沟内,依次用土掩住根系和假茎(不要盖住生长点至五杈股)。囤完苗后,要将四周用土堵严、踩实,防止寒风使根受冻;越冬中应再培土 2~3 次防寒。冬季利用设施育苗可不囤苗,在定植前一周挖出,置阴凉处散开放置几天即可定植。

5.4.3 定植

5.4.3.1 定植前准备

每 $667m^2$ 施用精制有机肥 300~400kg(或农家肥 3000~4000kg),尿素 6kg、磷酸氢二铵 10kg 或过磷酸钙($P_2O_5 \geqslant 18\%$)26kg、硫酸钾 8kg。

化肥和有机肥混合施用，精制有机肥以沟施为主，农家肥以撒施为主，深翻 25~30cm。按照当地种植习惯做成平畦或小高畦。

5.4.3.2 定植期

3月中下旬为适宜定植期。

5.4.3.3 定植方法

先覆盖地膜，然后在地膜上按密度要求用小棍插苗定植。定植后及时浇定植水。

5.4.3.4 定植密度

根据品种特性一般每 $667m^2$ 定植 1.8 万~2.2 万株。

5.4.4 定植后管理

5.4.4.1 施肥

每 $667m^2$ 撒施优质腐熟有机肥 3000kg，需从土壤中吸收氮（N）9~10kg、磷（P_2O_5）3~4kg、钾（K_2O）8~9kg，根据作物品种产量和土壤肥力调整施肥量。磷肥全部作基肥，钾肥 50% 作基肥、50% 作追肥，氮肥作基肥分三次追肥，施肥比例为 N∶P∶K＝3∶4∶3。

5.4.4.2 缓苗期管理

定植后 5~7d 浇缓苗水，水量宜小，以后适当控水蹲苗。

5.4.4.3 旺盛生长期管理

要适当加大浇水量，每 7~10d 浇水一次。结合浇水追施一次氮肥，每 $667m^2$ 施 10~15kg 尿素，促进叶片迅速生长。

5.4.4.4 鳞茎膨大期管理

要保持土壤湿润，每 5~7d 浇水一次。第一次追肥在鳞茎膨大初期进行，结合浇水每 $667m^2$ 施用尿素 10~12kg。第二次追肥在鳞茎膨大中期进行，结合浇水每 $667m^2$ 施用尿素 8~10kg、硫酸钾 8kg。在采收前一周要停止浇水。

5.5 病虫害防治

5.5.1 病虫害防治原则

按照"预防为主、综合防治"的植保方针，坚持以"农业防治、物理防治、生物防治为主，化学防治为辅"的防治原则。通过选用抗病虫品种，培育壮苗，加强栽培管理，科学施肥，改善和优化菜田生态环境，创造一个有利于洋葱生长发育的环境条件；优先采用农业防治、物理防治、生物防治，科学合理地使用化学防治，将有害生物的危害控制在允许的经济阈值以下。

5.5.2 农业防治

针对主要病虫控制对象，选用高抗多抗品种，防止种子带菌；培育适龄壮苗，提高抗逆性，控制肥水，严防积水，清洁田园，创造有利于植物生长发育的适宜环境，避免侵染性病害发生；与非葱蒜类作物轮作3年以上；加强管理，多施基肥、追肥，雨后排水，使植株生长健壮，增强抗病力；要及时摘除病虫叶，拔除重病株，带出田外深埋或烧毁。

5.5.3 物理防治

播种前采用温水浸种杀菌。在设施条件下用蓝板诱杀葱蓟马。

5.5.4 生物防治

保护并利用天敌，采用植物源农药、其他生物源农药防治病虫害。

5.5.5 化学防治

严格执行国家有关规定，不应使用高毒、高残留农药。使用药剂防治时严格按照GB/T 8321和NY/T 1276规定执行。

5.5.5.1 病害防治

（1）霜霉病 发病初期喷洒90%三乙膦酸铝可湿性粉剂400～500倍液，或75%百菌清可湿性粉剂600倍液、50%琥铜•甲霜灵（甲霜铜）可湿性粉剂800～1000倍液、64%噁霜灵（杀毒矾）可湿性粉剂500倍液，72.2%霜霉威盐酸盐（普力克）水剂800倍液，隔7～10d 1次，连续防治2～3次。

（2）锈病 发病初期喷洒15%三唑酮可湿性粉剂2000～2500倍液，或20%萎锈灵乳油700～800倍液，或25%丙环唑（敌力脱）乳油3000倍液，隔10d左右1次，连续防治2～3次。

（3）紫斑病 发病初期喷洒75%百菌清可湿性粉剂500～600倍液，或64%杀毒矾可湿性粉剂500倍液、40%敌菌丹（大富丹）可湿性粉剂500

倍液、58%甲霜•锰锌可湿性粉剂500倍液，或50%异菌脲(扑海因)可湿性粉剂1500倍液，隔7~10d喷洒1次，连续防治3~4次，均有较好的效果。此外，还可喷洒2%多抗霉素可湿性粉剂3000倍液。

（4）黑斑病　发病初期开始喷洒75%百菌清可湿性粉剂600倍液，或50%异菌脲(扑海因)可湿性粉剂1500倍液、64%噁霜灵(杀毒矾)可湿性粉剂500倍液，50%琥胶肥酸铜可湿性粉剂500倍液，60%琥铜•乙膦铝可湿性粉剂500倍液，14%络氨铜水剂300倍液，1∶1∶100波尔多液，隔7~10d喷洒1次，连续防治3~4次。

（5）灰霉病　发病初期，轮换喷施50%腐霉利(速克灵)或50%异菌脲(扑海因)、50%乙烯菌核利(农利灵)可湿性粉剂1000~1500倍液，或25%甲霜灵可湿性粉剂1000倍液，或50%多菌灵可湿性粉800倍液喷雾。

（6）疫病　防治方法见霜霉病。

（7）白腐病　在播种后约35d喷洒50%多菌灵可湿性粉剂500倍液，或50%甲基硫菌灵可湿性粉剂600倍液、50%异菌脲(扑海因)可湿性粉剂1000~1500倍液灌根或淋茎。

（8）小菌核病　发病初期开始喷洒40%多•硫悬浮剂500倍液，或50%甲基硫菌灵可湿性粉剂400~500倍液、50%异菌脲(扑海因)可湿性粉剂1000~1500倍液、50%乙烯菌核利(农利灵)可湿性粉剂1000倍液，隔7~10d喷洒1次，连续防治2~3次。

（9）软腐病　发病初期喷洒50%琥胶肥酸铜可湿性粉剂500倍液，或70%氢氧化铜(可杀得)可湿性粉剂500倍液、14%络氨铜水剂300倍液、72%农用链霉素可溶粉剂4000倍液、新植霉素4000~5000倍液，视病情隔7~10d喷洒1次，连续防治1~2次。

（10）黄矮病　发病初期开始喷洒1.5%烷醇•硫酸铜(植病灵)乳剂1000倍液，或20%吗胍•乙酸铜(病毒A)可湿性粉剂500倍液、混合脂肪酸(83增抗剂)100倍液，隔10d左右1次，防治1~2次。

5.5.5.2　虫害防治

（1）葱地种蝇　在成虫发生期，用21%氰戊•马拉松(灭杀毙)乳油6000倍液、2.5%溴氰菊酯乳油3000倍液，20%氰戊•马拉松(菊马)乳油3000倍液等，隔7天1次，连续喷2~3次。已发生地蛆的菜田可用90%敌百虫晶体或80%敌百虫可溶粉剂1000倍液灌根。

（2）葱斑潜蝇　用1.8%阿维菌素乳油3000倍液，或用1.8%阿维•

高氯(绿杀灵)乳油2500倍液喷雾防治。

（3）葱蓟马　可喷洒21%氰戊·马拉松(灭杀毙)乳油6000倍液或50%辛硫磷乳油1000倍液、20%氰氰·马拉松(氯马)乳油2000倍液、10%氰戊·马拉松(菊马)乳油1500液。

（4）甜菜夜蛾　卵孵化盛期用5%氟啶脲(抑太保)乳油2500～3000倍液，或在幼虫3龄前用52.25%氯氰·毒死蜱(农地乐)乳油1000倍液喷雾，晴天傍晚用药，阴天可全天用药。

5.6　采收与贮藏

5.6.1　采收时间

洋葱鳞茎充分长大后，叶片逐渐枯黄，假茎由硬变软并倒伏，这是葱头发育成熟停止养分积累的标志，待2/3的植株倒伏时即可收获。收获应在晴天进行，拔出后整株原地晾晒2～3d，用叶片盖住葱头，待葱头表皮干燥，茎叶充分干好后堆放，防止雨淋。收获时尽量不要碰伤葱头，这样可减少贮藏期因伤口感染而腐烂。

5.6.2　贮藏

采收时就地晾晒1～3d，待葱头表皮完全干燥，茎叶柔软时编辫，于通风良好的室内挂藏，或剪除假茎基部1.5cm以上部分，置于室内通风处堆藏。在收获和贮藏过程中避免损伤葱头和冻害。

5.7　生产档案

建立洋葱田间生产技术档案，详细记录产地环境、栽培管理、病虫害防治和采收、包装、运输、贮藏等各环节所采取的具体措施。

6　秋大白菜栽培技术规程

6.1　范围

本标准规定了秋大白菜露地生产的术语和定义、产地环境条件、播前准备、播种、田间管理、病虫害防治、收获、贮藏、生产档案。

本标准适用于秋大白菜露地生产。

6.2 规范性引用文件

下列文件对于本文件的应用是必不可少的。凡是注日期的引用文件，仅所注日期的版本适用于本文件，凡是不注日期的引用文件，其最新版本（包括所有的修改单）适用于本文件。

GB 16715.2 瓜菜作物种子 第 2 部分：白菜类

GB/T 8321 农药合理使用准则

GB/T 33129 新鲜水果、蔬菜包装和冷链运输通用操作规程

NY/T 1276 农药安全使用规范 总则

NY/T 496 肥料合理使用准则 通则

6.3 术语和定义

下列术语和定义适用于本标准。

6.3.1 拉十字

大白菜子叶完全展开，两个基生叶显露时即"拉十字"，是大白菜发芽期结束和幼苗期开始的临界期。

6.3.2 团棵

大白菜从"拉十字"到幼苗形成一个"叶环"的叶子为止称为"团棵"。

6.3.3 莲座期

大白菜幼苗团棵以后再长两个叶环成莲座状的时期。

6.3.4 候均温

连续 5 日的平均气温称为候均温。

6.4 产地环境

生产基地应选择地势平坦、排灌方便、肥沃疏松且富含有机质的壤土类地块，土壤 pH 值 7~8.5。前茬以葱蒜类作物、麦茬为最好，其次是瓜

类和豆类作物，应避免与十字花科作物连作。

6.5 播前准备

6.5.1 品种选择

丰产、抗病、优质、市场欢迎度高的早、中、晚熟品种。

6.5.2 种子质量

应符合 GB 16715.2 中的规定。

6.5.3 用种量

直播每 $667m^2$ 用种 80～100g。

6.5.4 种子处理

将白菜种子用 55℃ 温水浸种 30min，搅拌至 30℃，再用 1‰ 高锰酸钾溶液浸种 30min，然后冲洗干净，晾干后播种。

6.5.5 施肥整地起垄

前茬作物收获后，清洁田园，每 $667m^2$ 施入优质腐熟有机肥 5000～6000kg、磷酸氢二铵 25kg、过磷酸钙 30kg 为基肥，肥料应符合 NY/T 496 中的规定。耕翻后耙细、整平起垄。垄距 60～65cm，垄高 15～20cm，垄下设排水沟。播种定植前 22～25d 播种，播种时将钵中心扎 0.5～0.8cm 深穴孔，每穴播 2～3 粒种子，覆土 0.5～1.0cm 厚。播后出苗前用 50% 辛硫磷 1200～1500 倍液喷撒床面，防治虫害。

6.6 播种

6.6.1 播种时间

6.6.1.1 确定原则

秋白菜在日均温稳定在 24℃ 以下时为宜。抗病、生长期长的晚熟品种可以适当早播，生长期短的中熟品种可适当晚播几天。用于贮藏的秋白菜可适当晚播 3～5d，非贮藏的秋白菜可适当早播。

6.6.1.2 播种时间

7月下旬~8月上旬播种。

6.6.2 播种方法

一般采用直播方法。

6.6.2.1 条播法

在垄顶部中央划深1~1.5cm的浅沟,将种子均匀播在沟中,覆土0.5~1cm平沟。

6.6.2.2 穴播法

按30~60cm株距,在垄上作长12~15cm、深1cm的浅穴,每穴播5~10粒种子,覆土平穴。播种于下午进行。

6.7 田间管理

6.7.1 定植密度

以大白菜地上部分所能形成最大宽度的80%为合适的株距。早熟品种每667m^2定植2700~3000株,株距40~50cm,中晚熟品种每667m^2定植2300~2700株,株距50~60cm。

6.7.2 间苗定苗

直播间苗、定苗应适时进行。幼苗出土后,每隔6~7d进行一次。第一次留苗3~4株,第二次留苗2株,第三次间苗(定苗)留1株。

定苗要求:整齐健壮、无病虫害。定苗在8叶前结束。

6.7.3 中耕除草

中耕除草应在白菜封垄前进行三次。第一次在直播后15d结合间苗进行中耕除草,第二次在定苗后5~6d进行,第三次在定苗后15~20d进行。中耕时应对垄面浅锄去草。

6.7.4 追肥

6.7.4.1 追肥要求

应按照大白菜需肥规律,实施平衡施肥。选用的肥料应达到国家有关产品质量标准,不能使用工业废弃物、城市垃圾及未经发酵腐熟、未达到无害化指标的人畜粪尿等有机肥料。

6.7.4.2 施用时期及方法

(1) 莲座期　定苗后当幼苗长到12~16片叶莲座初期时,开始追施莲座肥。每667m^2随水施氮钾复合肥25kg。

(2) 结球期　结球期追肥2~3次。第一次在莲座叶全部长大,植株中心幼小球叶出现卷心时,每667m^2于行间沟施尿素20kg、硫酸钾10~15kg。10~15d后进行第二次追肥,每667m^2随水施入氮钾复合肥20kg。结球后期进行第三次追肥。

6.7.5 浇水

6.7.5.1 发芽期

采用直播法时,一般采用"三水齐苗"法浇水,即大白菜在播种当天浇一水,幼苗顶土时浇一水,幼苗出齐时浇一水,水量宜轻。

6.7.5.2 幼苗期

幼苗"拉十字"到"团棵"形成期间,一般采用"五水定棵"法浇水,即在"三水齐苗"的基础上,分别在间苗和定苗后浇第四次和第五次水;采用育苗法时,移栽前2~3d浇一次水,以利于起苗,定植后及时浇定植水和缓苗水。苗期浇水次数应根据气候和土壤墒情酌情增减。

6.7.5.3 莲座期

追施莲座肥后,浇一次水。

6.7.5.4 结球期

结球初期追施第一次结球肥时,浇一次水,结球中期浇2次水,结球后期浇1次水。结球期应始终保持土壤湿润,收获前7~10d停止浇水。

6.8 病虫害防治

6.8.1 病虫害防治原则

按照"预防为主、综合防治"的方针。优先采用农业防治、物理防治、生物防治,配合使用化学农药防治。使用农药应严格执行NY/T

1276—2007 和 GB/T 8321(全部)的规定。严禁使用国家明令禁止使用的高毒、高残留农药及混配农药。

6.8.2 农业防治

实行轮作倒茬，清洁田园，降低病虫源基数。选用抗病优良品种，播前种子应进行消毒处理。

6.8.3 物理防治

每 667 m^2 放置 20～30 块黄板诱杀蚜虫，也可张挂铝银灰色或乳白色反光膜避蚜。有条件者应利用防虫网预防害虫。

6.8.4 生物防治

应创造有利于天敌生存的环境，释放捕食螨、寄生蜂等天敌捕杀害虫。或采用银纹夜蛾病毒、甜菜夜蛾病毒、小菜蛾病毒及白僵菌、苏云金杆菌等制剂防治鳞翅目害虫，或用性诱剂诱杀鳞翅目成虫。

6.8.5 药剂防治

6.8.5.1 病毒病

采用 20％吗胍·乙酸铜可湿性粉剂(病毒 A)600 倍液，或 1.5％烷醇·硫酸铜(植病灵)乳油 1000～1500 倍液喷雾防治。

6.8.5.2 软腐病

结球期采用氢氧化铜(可杀得)3000 倍液，或新植霉素 4000～5000 倍液喷雾防治。

6.8.5.3 霜霉病

莲座期采用 25％甲霜灵可湿性粉剂 300～400 倍液，或 69％烯酰·锰锌可湿性粉剂 500～600 倍液，或 69％霜脲·锰锌可湿性粉剂 600～750 倍液，或 75％百菌清可湿性粉剂 500 倍液喷雾防治。

6.8.5.4 炭疽病、黑斑病

苗期炭疽病或莲座期黑斑病，采用 69％烯酰·锰锌可湿性粉剂 500～600 倍液，或 80％福·福锌(炭疽福美)可湿性粉剂 800 倍液喷雾防治。

6.8.5.5 菜青虫、小菜蛾、甜菜夜蛾

采用5％氟虫脲1500倍液，或采用阿维菌素乳油，或25％灭幼脲3号悬浮剂1000倍液，或20％虫酰肼悬浮剂200～300g/hm² 喷雾防治。晴天时傍晚用药，阴天则可全天用药。

6.8.5.6 菜蚜

采用10％吡虫啉1500倍液，或50％抗蚜威可湿性粉剂2000～3000倍液喷雾防治。

6.9 收获

结球紧实时即可采收。春、夏白菜根据市场需求陆续采收上市，秋季大白菜早熟品种在国庆节前后收获完毕，中晚熟品种尽量延长生长期促进高产，但须在－2℃气温来临前抢收完毕。

6.10 贮藏

在通风、清洁的条件下贮藏，严防曝晒、雨淋、冻害及有毒物质污染。贮藏适宜温度0～2℃，相对湿度85％～90％。

6.11 生产档案

建立秋大白菜露地生产档案，生产档案保存期为两年。生产档案要详细记录产地环境条件、生产技术、病虫害防治和采收等各环节所采取的具体措施。

7 胡萝卜栽培技术规程

7.1 范围

本标准规定了胡萝卜的产地环境、栽培技术、病虫害防治、采收及生产档案等。

本标准适用于胡萝卜生产。

7.2 规范性引用文件

下列文件对于本文件的应用是必不可少的。凡是注日期的引用文件，仅所注日期的版本适用于本文件，凡是不注日期的引用文件，其最新版本（包括所有的修改单）适用于本文件。

GB 5084 农田灌溉水质标准

GB 15618 土壤环境质量　农用地土壤污染风险管控标准

GB 3095 环境空气质量标准

GB 2763 食品安全国家标准　食品中农药最大残留限量

GB/T 8321 农药合理使用准则

NY/T 1276 农药安全使用规范　总则

GB/T 33129 新鲜水果、蔬菜包装和冷链运输通用操作规程

7.3 产地环境

选择地势平坦，pH值为7.0左右，有机质及各种土壤养分丰富，土壤疏松，排灌方便的地块。产地环境符合 GB 5084、GB 15618、GB 3095 要求。

7.4 栽培技术

7.4.1 栽培茬次

春夏茬：4月上中旬至4月中下旬播种，6月下旬后收获。

夏秋茬：6月下旬播种，9月下旬至10月上旬收获。

7.4.2 品种选择

春夏茬栽培宜选择早熟、耐抽薹、抗病性强、产量高的品种；夏秋茬栽培宜选择中晚熟、产量高、抗病性强的品种，不得使用转基因品种。

7.4.3 整地、施肥

选择前茬未种过胡萝卜的地块，每 $667m^2$ 撒施腐熟的优质农家肥 $4\sim5m^3$，氮磷钾三元复合肥(15-10-20)$40\sim50kg$，深耕30cm，耙平做平畦或

起垄。平畦一般宽 1.2～1.5m；起垄一般垄宽 50～60cm，垄高 15～20cm，垄顶宽 25～30cm。

7.4.4 播种

7.4.4.1 选种

选用新种子，播前进行发芽试验，以确定适宜播量。

7.4.4.2 播种量

每 667m^2 用种量一般为 300～500g。

7.4.4.3 浸种催芽

35～40℃温水浸种 2～3h，捞出洗净后用湿布包好，在 20～25℃环境条件下催芽，每天冲洗一次，3～4d 后 60%种子萌芽时，即可播种。

7.4.4.4 播种方法

平畦栽培多采用撒播，浇足底水后将种子均匀撒于畦中，然后覆 0.5～1.5cm 湿润细土；起垄栽培，在垄顶开沟条播，沟深 1.5～2.5cm。每垄播种 2 行，播后覆平垄面。

7.4.5 田间管理

7.4.5.1 间苗定苗

1～2 片真叶时第一次间苗，疏去小苗、弱苗；4～5 片真叶时第二次间苗并定苗，平畦栽培苗间距 10～15cm。起垄栽培苗距 8～10cm。

7.4.5.2 中耕除草

间苗后及时浅中耕，疏松表土，拔除杂草。封垄前，浇水后或雨后及时中耕。

7.4.5.3 浇水

出苗前保持土壤湿润，齐苗后及时浇水，勤划锄，保持土壤相对含水量 70%～85%；叶生长盛期适当控制浇水，加强中耕松土，土壤相对含水量以 50%左右为宜；肉质根膨大期保持土壤湿润，浇水均匀，保持土壤相对含水量 75%～80%，雨后及时排除积水，收获前 10d，停止浇水。

7.4.5.4 追肥

定苗后每 667m^2 追施氮磷钾三元复合肥(15-10-20)10～15kg；肉质根

膨大期，结合浇水每 667m² 追施氮磷钾三元复合肥（15-10-20）15～20kg。

7.5 病虫害防治

7.5.1 防治原则

贯彻"预防为主、综合防治"的植保方针，优先采用农业防治、物理防治、生物防治，科学合理地使用化学防治。

7.5.2 主要病虫害

黑斑病、黑腐病、蚜虫、地下害虫等。

7.5.3 农业防治

提倡与葱蒜类蔬菜实行 3 年以上轮作。深翻晒土，并可适量撒生石灰消毒。合理密植，注意通风透光。选用高抗多抗品种，增施有机肥，勤除杂草，及时排涝，防治田间积水。

7.5.4 物理防治

7.5.4.1 黄板诱杀

每 667m² 悬挂 20cm×30cm 黄色粘虫板 30～40 块，悬挂高度与植株顶部持平或高出 5～10cm，诱杀粉虱、蚜虫、斑潜蝇等害虫。

7.5.4.2 杀虫灯诱杀

利用电子杀虫灯诱杀鞘翅目、鳞翅目等害虫。杀虫灯悬挂高度一般为灯的底端离地 1.2～1.5m，每盏灯控制面积一般在 1.33～2.00hm²。

7.5.5 生物防治

采用天敌防治技术，可用赤眼蜂防治地老虎，七星瓢虫防治蚜虫和白粉虱等。可利用微生物之间的拮抗作用，如用抗毒剂防治病毒病等。也可利用植物之间的他感作用，如与葱蒜作物混种，可以防止枯萎病的发生等。

7.5.6 化学防治

7.5.6.1 农药使用原则

严禁使用剧毒、高毒、高残留农药。农药使用应符合 GB/T 8321、

NY/T 1276 的规定。交替使用农药，并严格按照农药安全使用间隔期用药，每种药剂整个生长期内限用 1 次。

7.5.6.2 黑斑病、黑腐病

可选用 68.75% 噁酮·锰锌水分散粒剂 1000 倍液，或 75% 百菌清可湿性粉剂 600 倍液，或 80% 代森锰锌可湿性粉剂 600 倍液，或 50% 多菌灵可湿性粉剂 500 倍液，或 55% 硅唑·多菌灵可湿性粉剂 1000 倍液喷雾防治。

7.5.6.3 细菌性软腐病

发病初期，可选用 3% 中生菌素可湿性粉剂 800 倍液、50% 琥胶肥酸铜可湿性粉剂 500 倍液、56% 氧化亚铜水分散粒剂 800 倍液等喷雾防治，喷施到胡萝卜茎基部，每隔 10d 喷一次，连喷 2～3 次，注意轮换用药。

7.5.6.4 蚜虫

可选用 10% 吡虫啉可湿性粉剂 2000 倍液，或 25% 噻虫嗪可湿性粉剂 1000 倍液，或 5% 啶虫脒可湿性粉剂 2500 倍液喷雾防治。

7.6 采收

胡萝卜生育期为 80～120d，当肉质根充分膨大、颜色鲜艳、叶片不再生长后，可随时收获，收获要在晴天、凉爽、无霜冻、无露水条件下进行。收获前 7d，停止喷施化学药剂。

7.7 生产档案

对胡萝卜生产过程，应建立田间技术档案和田间生产资料使用记录、生产管理记录、收获记录、产品检测记录及其他相关质量追溯记录，并保存 3 年以上，以备查阅。

8 露地黄秋葵生产技术规程

8.1 范围

本标准规定了黄秋葵（咖啡黄葵）生产的产地环境、生产技术要求、采

后技术管理和生产档案。

本标准适用于黄秋葵(咖啡黄葵)生产。

8.2 规范性引用文件

下列文件对于本文件的应用是必不可少的。凡是注日期的引用文件,仅所注日期的版本适用于本文件。凡是不注日期的引用文件,其最新版本(包括所有的修改单)适用于本文件。

  GB 2763 食品安全国家标准　食品中农药最大残留限量

  GB 3095 环境空气质量标准

  GB 5084 农田灌溉水质标准

  GB 15618 土壤环境质量标准

  GB 8321 农药合理使用准则（一～七）

  DB21/T 2657 蔬菜工厂化育苗技术规程　总则

  DB21/T 2660 蔬菜工厂化育苗病虫害防控技术规程

  NY/T 1276—2007 农药安全使用规范　总则

8.3 产地环境

应选择生态条件良好、远离污染源、地势高燥、排灌方便的地方；栽培土壤选择土层深厚疏松的壤土；生产地块距主干公路线 100m 以外；产地环境空气质量、灌溉水质、土壤环境应符合 GB 3095、GB 5084 和 GB 15618 的规定。

8.4 生产技术要求

8.4.1 品种选择

按果实颜色可分为绿果种和红果种(红秋葵)；按植株大小可分为矮生种和高生种。使用棱五角种,一般每 $667m^2$ 产量为 1000～2000kg。

8.4.2 种子质量与用种量

种子纯度≥95%、净度≥97%、发芽率≥85%、水分≤8%。千粒重

55g左右。每667m²育苗栽培用种量为200g左右。

8.4.3 栽培季节选择

3月末～4月初播种育苗，5月中旬覆盖地膜定植。6～10月收获；春播从播种到始收75d左右，采收期90d左右。温室一年四季均可栽培，大棚主要早春栽培。

8.4.4 育苗移栽

8.4.4.1 配制营养土

充分腐熟农家肥与非锦葵科园土按3∶7配制成营养土，每立方米营养土添加200～300g氮磷钾复合肥，混拌均匀。

8.4.4.2 床土消毒

40%福尔马林于播前3周施于苗床土中，用量为40mL/m²，兑水量视土壤墒情而定，然后用塑料薄膜覆盖5d，除去覆盖后2周，待药充分挥发后方可播种。或用95%噁霉灵可湿性粉剂（绿亨一号）5g与50～100kg细土混合，播种时2/3铺营养钵上，其余1/3盖在种子上面。

8.4.4.3 催芽

在播种前晒种2～3d，每天晒3～4h。将种子浸于55℃的热水中搅拌，保持水温恒定15～20min，然后在25～30℃条件下继续浸泡12h左右，用清水洗净黏液后即可催芽。于25～30℃条件下催芽48h，待一半种子露白时即可播种。

8.4.4.4 营养钵育苗播种

采用直径和高8～10cm的塑料营养钵，装实营养土，钵口留1cm高的空间。育苗数量多于需苗量的10%。摆苗床宽1.2～1.4m，长5～10m，苗床面积15m²左右。播前须浸种24h，每隔5～6h清洗换水1次，取出后放在白天25～30℃，夜间不低于15℃环境下催芽，3～4d出芽后即可播种。播种时将钵中心扎0.5～0.8cm深穴孔，每穴播1粒发芽种子，覆土1.0cm厚。播后出苗前用50%辛硫磷1200～1500倍液喷撒床面。

8.4.4.5 苗龄与播种

采用育苗移栽的日历苗龄30～40d，3～4片叶。

8.4.4.6 苗期温度与水分管理

发芽期(播种至子叶展平)昼温应保持25～30℃,夜温不低于15℃,需要10～15d;出苗后苗期白天温度维持在25～30℃、夜温13℃以上,地温18～20℃。子叶展平至第1花开放,需40～45d。防止水大,偏干管理。

8.4.4.7 穴盘无土育苗

按照DB21/T 2387和DB21/T 2474 执行。

8.4.5 定植或直播前准备

8.4.5.1 温室大棚太阳能消毒

7月中旬～8月底,将温室大棚地面的枯枝烂叶清理干净,耧平,不提倡旋耕,铺上旧棚膜盖严。灌足水,大棚膜也要盖严。持续15～45d天。使棚内温度经常达到50℃,地温经常达到40℃以上。消毒后旋耕整地。

8.4.5.2 整地施肥

播种或定植前,将土地深耕20～30cm,基肥以优质腐熟的农家肥为主,每667m^2 施3000～4000kg,施过磷酸钙25kg,磷酸氢二铵15～30kg,草木灰100～150kg或硫酸钾15kg。三分之二沟施,三分之一拌匀穴施。整地施基肥后,作垄宽70cm,夏秋用黑色或银黑双色地膜覆盖于种植行上,盖严盖实。冬春温室用白色地膜覆盖。

8.4.6 直播或秧苗移栽

5月上中旬,气温13℃、土温15℃时用种子直播或秧苗定植。7月份开始采收,可与其他生育期短的蔬菜和农作物间作。播种按行距70cm、株距50cm挖穴,先浇足底水,每穴播种2～3粒,覆土2～3cm厚。每667m^2 用种量500g。秧苗移栽按前述株行距,定植株数1500～2000 株。

8.4.7 间苗与中耕

直播的在第一片真叶展开时进行第一次间苗,去掉病残弱苗;当2～3片真叶展开时定苗,每穴留一株壮苗。未覆盖地膜的,定苗后应及时进行中耕划锄。

8.4.8 温度管理

温室内温度控制，白天温度营养生长期20～25℃、开花结果期26～28℃，夜温不低于14℃(防止开花延迟)。

8.4.9 水肥管理

定植后一周左右灌一次缓苗水，以后视土壤墒情而灌水，保证土壤湿润。要多次少量追肥，根据植株长势适量追肥。立秋开始追肥，半月1次，追2～3次，每次每667m^2施尿素7.5kg、硫酸钾6kg。整个采收期内，每半月叶面喷施0.2%磷酸二氢钾1次。开花前适量控水，中耕蹲苗。开花结果时，要及时供给充足的水分，促嫩果迅速膨大。露地大雨后要及时排水。

8.4.10 培土与整枝

定苗后培土1次，大风雨季要防止植株倒伏培土。经常中耕除草，并进行培土，防止植株倒伏。生长前期可以采取扭叶的方法，将叶柄扭成弯曲下垂状，来控制营养生长。主蔓结果为主，及时打掉侧枝及基部老叶。开花结果期间，应及时剪除已采收过嫩果的各节老叶。

8.4.11 主要病虫害防治

8.4.11.1 防虫网设施

棚室顶部通风口处可采用40～50目防虫网，前立窗可以放置50～60目防虫网。门窗均需要用防虫网包裹严密。

8.4.11.2 黄蓝粘板诱杀

在植株的顶部高出植株20～50cm处吊挂黄蓝粘板，每667m^2挂黄粘板(40cm×25cm)30块和蓝粘虫板10块。当粘板粘满虫体时要及时更换，或除去虫体后再涂一层10号机油。

8.4.11.3 病虫害药剂防治

病害主要有病毒病、疫病等。虫害主要是蚜虫病。病毒病发病初期用5%菌毒清400～500倍液，每隔7～10d喷1次，连续喷2～3次；疫病发病初期应及时摘除病叶、病果及病枝，并根据发病情况，选用72%霜脲·

锰锌可湿性粉剂，或69%烯酰·锰锌可湿性粉剂900倍液，每隔7～10d喷1次，连续喷2～3次。蚜虫发生初期结合叶面肥用10%吡虫啉可湿性粉剂1000倍液或2.5%溴氰菊酯乳油1500～2000倍液，喷施2～3次。注意轮换用药，严格控制每种农药的最多使用次数和安全间隔期。农药使用需符合NY/T 1276—2007和GB 8321的规定。

8.4.12 禁止使用的高毒高残留农药

六六六、滴滴涕、毒杀芬、二溴氯丙烷、杀虫脒、二溴乙烷、除草醚、艾氏剂、狄氏剂、汞制剂、砷类、铅类、敌枯双、氟乙酰胺、甘氟、毒鼠强、氟乙酸钠、毒鼠硅、甲拌磷、甲基异柳磷、特丁硫磷、甲基硫环磷、治螟磷、内吸磷、克百威、涕灭威、灭线磷、硫环磷、蝇毒磷、地虫硫磷、氯唑磷、苯线磷等高毒农药。甲胺磷、对硫磷、甲基对硫磷、久效磷和磷胺以及所有含5种高毒有机磷农药的混配制剂。

8.4.13 收获

8.4.13.1 农药残留检测

生长期施过化学农药的，采收前1～2d必须进行农药残留检测，产品中农药最大残留限量要符合GB 2763的规定。

8.4.13.2 采收方法

定植后30d左右（播种后70d）开始采收，采收期持续50～90d。在果实种子开始膨大时，开始采收嫩果。从第4～8节开始节节开花结果，花谢后3～4d（昼温28～32℃，夜温18～20℃）可采收嫩果，最迟8～12d，嫩果长到10～15cm长。采收过早产量低，采收过迟纤维多不能食用。收获盛期一般每天或隔天采收1次，收获中后期一般3～4d采收1次。采收在下午或傍晚，在果柄处剪下。黄秋葵茎、叶、果实上都有刚毛或刺，采收时应戴上手套。

8.5 采后技术管理

8.5.1 标志

包装上应标明产品名称、产品的标准编号、商标、生产单位（或企业）

名称、详细地址、产地、规格、净含量和包装日期等，标志上的字迹应清楚、完整、准确。

8.5.2 包装

8.5.2.1 容器

用于产品包装的容器如塑料箱、纸箱、编织袋等应符合国家食品卫生要求，无毒无害。按产品的大小规格设计，同一规格应大小一致，整洁、干燥、牢固、透气、美观、无污染、无异味，内壁无尖突物，无虫蛀、腐烂、霉变等，纸箱无受潮、离层现象。一般规格为 45.6cm×35.5cm×25.0cm，成品纸箱耐压强度为 $400kg/m^2$ 以上。

8.5.2.2 装箱

按产品的品种、规格分别包装，同一件包装内的产品需摆放整齐紧密。每批产品所用的包装、单位质量应一致，每件包装净含量不得超过 10kg，误差不超过 2%。

8.5.2.3 包装检验规则

按件称量抽取的样品，每件的质（重）量应一致，不得低于包装外所示的标称质（重）量。根据整齐度计算的结果，确定所取样品的规格，并检查与包装外所示的规格是否一致。

8.5.3 运输

运输前应进行预冷。运输过程中应通风散热，注意防冻、防雨淋、防晒。

8.5.4 贮存

应按品种、规格不同分别贮存。冷藏温度为 2~3℃。库内堆码应保证气流流通、温度均匀。不得与有毒有害物质混放。

8.6 生产档案

从种苗到产品销售的各个环节使用的生产资料、场所、天气、生产作业、生长发育进程和遇到的主要问题及处理方法、结果都要建立完整的档案，至少保存 3 年。

9 菜心生产技术规程

9.1 范围

本标准规定了菜心(菜薹)生产所要求的产地环境、生产技术要求、采后技术管理和生产档案。

本标准适用于设施及露地菜薹生产。

9.2 规范性引用文件

下列文件对于本文件的应用是必不可少的。凡是注日期的引用文件,仅所注日期的版本适用于本文件。凡是不注日期的引用文件,其最新版本(包括所有的修改单)适用于本文件。

GB 2763 食品安全国家标准 食品中农药最大残留限量

GB 3095 环境空气质量标准

GB 5084 农田灌溉水质标准

GB 8321 农药合理使用准则(一~七)

GB 15618 土壤环境质量标准

DB21/T 2657 蔬菜工厂化育苗技术规程 总则

NY/T 1276—2007 农药安全使用规范 总则

9.3 产地环境

应选择生态条件良好、远离污染源、地势高燥、排灌方便的地方;土壤栽培选择土层深厚疏松的壤土;生产地块位于主干公路线 100m 以外;产地环境空气质量、灌溉水质、土壤环境应符合 GB 3095、GB 5084 和 GB 15618 的规定。

9.4 生产技术要求

9.4.1 品种选择

根据栽培季节选用早熟、中熟或晚熟 3 个类型的绿色菜薹品种。5~9

月播种选用早熟菜薹品种。从播种到初收 35~40d，薹高约 18cm，淡绿色，产量 1000kg/667m²；3 月中旬~4 月和 9~10 月播种选用中熟菜薹品种。生长期 45~60d。薹茎 1.8cm，高 30cm 左右，1500kg/667m²；11 月至翌年 3 月（秋冬温室）播种，选用冬性强晚熟品种，生育期 60~75d，薹高 30~32cm，1000~1250kg/667m²。

9.4.2 种子质量

种子纯度≥95%、净度≥97%、发芽率≥95%、水分≤8%。千粒重 1.3~1.7g。

9.4.3 用种量

每 667m² 直播（条播或撒播）用种量 400~500g，不催芽播籽。育苗栽培用种量为 50g，不用穴盘育苗（20d 就会出薹）。

9.4.4 栽培季节

春、夏、秋露地栽培，冬季用设施栽培。作为主栽作物补茬或间混套种。秋播的生长期长，产量高，7 月中旬~8 月下旬播种（直播，并及早疏苗，注意遮阳降温，或与搭架蔬菜套种），10 月上中旬收获。一般每 667m² 产 1000~1500kg。

9.4.5 育苗移栽

9.4.5.1 配制营养土

充分腐熟农家肥与非十字花科园土按 3∶7 或 4∶6 配制成营养土，每立方米营养土添加 200~300g 尿素，混拌均匀。

9.4.5.2 床土消毒

用 40% 福尔马林于播前 3 周施于苗床土中，用量为 40mL/m²，兑水量视土壤墒情而定，然后用塑料薄膜覆盖 5d，除去覆盖后 2 周，待药充分挥发后方可播种。或用 95% 噁霉灵（绿亨一号）5g 与 50~100kg 细土混合，播种时 2/3 铺营养钵上，其余 1/3 盖在种子上面。

9.4.5.3 床畦育苗

（1）播种　播前将畦面浇足底水，播种时将种子均匀撒播于畦面，覆土 0.5cm 厚。秋播出土前每天喷水，保持土壤湿润。春冬要用薄膜覆盖。早春播种刚出土后要适当控水。

（2）间苗　第1次间苗在1~2片真叶时，把过密苗、弱苗、徒长苗等除去；第2次可在3~4叶期进行，并结合补苗，保持4~6cm株距。

（3）分苗　分苗前进行适当放风，加强幼苗低温锻炼。分苗前准备好分苗畦，分苗应选在晴天，按10cm见方进行移栽分苗。

9.4.5.4　苗期温度与水分管理

发芽期昼温25~30℃，夜温不低于15℃；出苗后和分苗缓苗期白天20~25℃、夜温15℃左右；缓苗后逐渐降低温度，昼温15~20℃，夜温10℃以上。定植前4~5d苗床浇一次透水，第二天囤苗。出苗后10d，可薄施氮肥，以后每隔5d 1次，整个苗期施肥2~3次。结合淋水施肥，以免发生肥害。

9.4.5.5　苗龄

5~6片叶。早熟品种约18d，中熟品种20d左右，晚熟品种25~30d。

9.4.6　定植或直播前准备

9.4.6.1　整地施肥

每667m^2用优质农家肥3000~5000kg，三元复合肥30~50kg。撒施地面深翻，肥料与土充分混匀。间套种视土壤肥力确定是否需要施肥。也可以在播种时不施肥，在出苗后再适时追施速效氮肥。有地下害虫危害时，用50%辛硫磷乳油1000倍喷洒沟内防治。耧平地块后，按畦宽1~1.2m作畦，畦内再耧平并轻踩一遍，以防浇水后下陷。

9.4.6.2　温室大棚太阳能消毒

7月中旬~8月底，将温室大棚地面的枯枝烂叶清理干净，耧平，不提倡旋耕，铺上旧棚膜盖严。灌足水，大棚膜也要盖严。持续15~45d天。使棚内温度经常达到50℃，地温经常达到40℃以上。消毒后旋耕整地。

9.4.7　直播与定苗

采取直播要均匀稀播，可掺沙混播。1~2片真叶时第1次间苗，把过密苗、弱苗、高脚苗除去；第2次在3~4叶期进行，并结合补苗，保持 4～6cm 株距。当植株长到 5cm 时定苗。

9.4.8 密度

育苗定植或直播定苗株行距早熟品种为 10cm×15cm，中熟品种为 15cm×18cm，晚熟品种为 18cm×22cm。只采收主薹的应密植些；收主侧薹的适当疏些。栽植应子叶齐畦面。定植后随即淋水，要逐株淋透，保证根系与土壤接触良好。

9.4.9 温度管理

在设施内，昼温 15～20℃、夜温 10～15℃ 最适宜菜薹生长发育。在 10～15℃ 温度条件下菜薹生长缓慢，20～30d 可形成质量较好的菜薹；在 20～25℃ 温度下，需要 10～15d，但菜薹细小。

9.4.10 肥水管理

定植后 3d 应施薄肥。当现蕾开始抽薹时，供给充足水肥。在菜薹形成过程中生长正常，则可少施肥或不再追肥；若气温较低，发育较慢，增肥浇水促高产质优；遇到气温较高，适当控制肥水。采收主薹后继续采收侧薹的要及时追肥，中耕除草。露地定苗后，少雨时防止干旱，多雨时做好排水。施肥以氮肥为主。追肥 3～4 次，每次 3～5kg 尿素。秋季前期气温高，要及时追肥。在采收前 20d 停止追肥。

9.4.11 主要病虫害防治

9.4.11.1 铺设特种膜驱避蚜虫

用银灰地膜或条膜覆盖地面，或将银灰色膜剪成 10～15cm 宽的膜条绑在设施骨架上。

9.4.11.2 防虫网设施

棚室顶部可采用 40～50 目防虫网，前立窗放置 50～60 目防虫网。门窗均需要用防虫网包裹严密。

9.4.11.3 黄蓝粘板诱杀

在植株的顶部高出植株 20～50cm 处吊挂黄蓝粘板，每 667m^2 挂黄粘板(40cm×25cm)30 块和蓝粘虫板 10 块。当粘板粘满虫体时要及时更换，或除去虫体后再涂一层10号机油。

9.4.11.4 病虫害药剂防治

菜心主要病害有霜霉病、白粉病、细菌性角斑病以及病毒病，虫害主要为害虫类有菜青虫、蚜虫以及粉虱等。霜霉病可用45%百菌清烟剂、72%霜脲·锰锌（克露）粉剂、72.2%霜霉威（普力克）水剂、69%烯酰·锰锌、25%嘧菌酯悬浮剂等防治；白粉病防治可用25%嘧菌酯悬浮剂、吡萘·嘧菌酯以及15%粉锈宁可湿性粉剂等药剂；细菌性角斑病防治可用3%中生菌素可湿性粉剂、14%络氨铜水剂等药剂；病毒病防治可用83增抗剂、2%宁南霉素水剂、20%吗胍·乙酸铜等药剂；菜青虫防治可用2.5%多杀霉素悬浮剂、2.5%高效氯氟氰菊酯乳油等药剂；蚜虫防治可用2.5%溴氰菊酯乳油和10%吡虫啉可湿性粉剂等药剂。注意轮换用药，严格控制每种农药最多使用次数和安全间隔期。农药使用要符合 NY/T 1276—2007 和 GB 8321 规定。

9.4.12 禁止使用的高毒高残留农药

六六六、滴滴涕、毒杀芬、二溴氯丙烷、杀虫脒、二溴乙烷、除草醚、艾氏剂、狄氏剂、汞制剂、砷类、铅类、敌枯双、氟乙酰胺、甘氟、毒鼠强、氟乙酸钠、毒鼠硅、甲拌磷、甲基异柳磷、特丁硫磷、甲基硫环磷、治螟磷、内吸磷、克百威、涕灭威、灭线磷、硫环磷、蝇毒磷、地虫硫磷、氯唑磷、苯线磷等高毒农药。甲胺磷、对硫磷、甲基对硫磷、久效磷和磷胺以及所有含5种高毒有机磷农药的混配制剂。

9.4.13 收获

9.4.13.1 农药残留检测

生长期施过化学农药的，采收前1～2d必须进行农药残留检测，产品中农药最大残留限量要符合 GB 2763 规定。

9.4.13.2 采收方法

收获标准，一般是菜薹平口，少数花蕾绽开为适宜采收期（花序不超过叶，见1～2朵花）。采收早则太嫩，产量低；采收晚菜薹突出花散，肉质心变成白色则太老，降低质量和规格。主薹、侧薹并收的，在植株基部2～3节（叶）处掐收主薹，留下侧薹萌发继续生长。只收主薹的，采收节位可低 1~2 节(叶)。

9.5 采后技术管理

9.5.1 标志

包装上应标明产品名称、产品的标准编号、商标、生产单位(或企业)名称、详细地址、产地、规格、净含量和包装日期等，标志上的字迹应清楚、完整、准确。

9.5.2 包装

9.5.2.1 容器

用于产品包装的容器如塑料箱、纸箱、编织袋等应符合国家食品卫生要求，无毒无害。按产品的大小规格设计，同一规格应大小一致，整洁、干燥、牢固、透气、美观、无污染、无异味，内壁无尖突物，无虫蛀、腐烂、霉变等，纸箱无受潮、离层现象。一般规格为 45.6cm×35.5cm×25.0cm，成品纸箱耐压强度为 400kg/m² 以上。

9.5.2.2 装箱

按产品的品种、规格分别包装，同一件包装内的产品需摆放整齐、紧密。每批产品所用的包装、单位质量应一致，每件包装净含量不得超过 10kg，误差不超过 2%。

9.5.2.3 包装检验规则

按件称量抽取的样品，每件的质(重)量应一致，不得低于包装外所示的标称质(重)量。根据整齐度计算的结果，确定所取样品的规格，并检查与包装外所示的规格是否一致。

9.5.3 运输

运输前应进行预冷。运输过程中应通风散热，注意防冻、防雨淋、防晒。

9.5.4 贮存

应按品种、规格不同分别贮存。冷藏温度为 0~2℃。库内堆码应保证气流流通、温度均匀。不得与有毒有害物质混放。

9.6 生产档案

从种苗到产品销售的各个环节使用的生产资料、场所、天气、生产作业、生育进程和遇到的主要问题及处理方法、结果都要建立完整的档案，至少保存 3 年。

第4章 蔬菜安全生产基本常识

1 绿色和有机食品的概念及质量标准

1.1 概念

1.1.1 绿色食品概念及标志图

绿色食品是指遵循可持续发展原则,按照特定生产方式生产,经专门认证机构认定,允许使用绿色食品标志商标的无污染的安全、优质、营养的食品。标志图如彩图13所示。

绿色食品的产品质量安全标准,整体上达到发达国家先进水平,市场定位是满足更高层次的消费。

我国的绿色食品实行分级管理,分为A级和AA级两种。A级标志为绿底白字,AA级标志为白底绿字。A级绿色食品在生产加工过程中,允许限量、限品种、限时间地使用安全的人工合成农药、兽药、鱼药、肥料、饲料及食品添加剂;AA级绿色食品生产过程中不得使用任何人工合成的化学物质,基本等同于有机食品。

1.1.2 有机食品概念及标志图

有机食品是指来自有机农业生产体系,根据有机农业生产要求和相应标准生产加工,并且通过合法的有机食品机构认证,允许使用有机食品标志的农副产品及其加工品。标志图如彩图14所示。

有机食品强调生产过程对自然生态友好,强调纯天然、无污染,采用有机农业生产方式,即在认证机构监督下,通过完全不用或基本不用人工合成的化肥、农药、生产调节剂和饲料添加剂的农业技术生产的食品。

在某种程度上,有机食品约等同于 AA 级绿色食品。但有机食品无级别之分,在生产过程中不允许使用任何人工合成的化学物质。

1.2 绿色、有机食品质量标准

1.2.1 绿色食品蔬菜安全质量标准

1.2.1.1 AA 级标准

生产地的环境质量符合农业行业标准《绿色食品 产地环境质量 NY/T 391—2013 绿色食品 产地环境质量》,生产过程中不使用化学合成的农药、肥料、食品添加剂、饲料添加剂、兽药及有害于环境和人体健康的生产资料,而是通过使用有机肥、种植绿肥、作物轮作等技术,用生物或物理方法,培肥土壤、控制病虫草害,保护或提高产品品质,从而保证产品质量符合绿色食品产品标准要求。

1.2.1.2 A 级标准

生产地的环境质量符合农业行业标准 NY/T 391—2013,生产过程中严格按绿色食品生产资料使用准则和生产操作规程要求,限量使用限定的化学合成生产资料,并积极采用生物和物理方法,保证产品质量符合绿色食品产品标准要求。

1.2.1.3 绿色食品蔬菜质量标准的性质及作用

绿色食品质量标准使用的是 NY/T 标准,即农业行业标准。在标准中,明确规定了产地环境技术条件,对蔬菜生产区域的空气中各项污染物指标、农田灌溉水中各项污染物指标、土壤中各项污染物指标均作了严格的限量规定。生产者在申请使用绿色食品标志时,首先要提交生产环境的检测数据,只有经国家认定的环境监测部门出具符合上述指标的证明后,生产者才有资格进行申请。

根据绿色食品蔬菜质量标准的性质,可以得出绿色食品蔬菜质量标准的作用:绿色食品蔬菜质量标准是认定绿色食品的依据。绿色食品蔬菜质量标准是维护生产者和消费者合法权益的法律依据。绿色食品蔬菜质量标准是出口蔬菜贸易谈判的依据。

绿色食品蔬菜目前只有 A 级标准。已发布实施的绿色食品蔬菜质量标准如表 4-1 所示：

表 4-1 绿色食品蔬菜安全质量标准

标准号	标准名称
NY/T 654—2020	绿色食品　白菜类蔬菜
NY/T 655—2020	绿色食品　茄果类蔬菜
NY/T 743—2020	绿色食品　绿叶类蔬菜
NY/T 744—2020	绿色食品　葱蒜类蔬菜
NY/T 745—2020	绿色食品　根菜类蔬菜
NY/T 746—2020	绿色食品　甘蓝类蔬菜
NY/T 747—2020	绿色食品　瓜类蔬菜
NY/T 748—2020	绿色食品　豆类蔬菜
NY/T 1044—2020	绿色食品　藕及其制品
NY/T 1048—2013	绿色食品　笋及笋制品
NY/T 1049—2015	绿色食品　薯芋类蔬菜
NY/T 1324—2015	绿色食品　芥菜类蔬菜
NY/T 427—2016	绿色食品　西甜瓜
NY/T 1405—2015	绿色食品　水生蔬菜
NY/T 1507—2016	绿色食品　山野菜
NY/T 1506—2015	绿色食品　食用花卉
NY/T 1325—2015	绿色食品　芽苗类蔬菜
NY/T 1326—2015	绿色食品　多年生蔬菜
NY/T 749—2018	绿色食品　食用菌
NY/T 1406—2018	绿色食品　速冻蔬菜

1.2.2　有机食品蔬菜产品安全质量标准

有机食品蔬菜是指来自有机农业生产体系的蔬菜食品。在国际有机农业运动联合会和我国生态环境部有机食品发展中心的章程中，都对有机食品的生产作了详细和严格的规定。其生产过程中完全不许使用化学合成的农药、肥料、生长调节剂，也不使用基因工程技术产品。在原有传统农业生产的基础上转变为有机农业生产，一般要经过 2~3 年的转换期，继续按有机食品认证的机构需经国家认证认可监督管理委员会（CNCA）批准，获取认证资质后即可进行认证工作。

有机食品认证机构对有机蔬菜认证的依据是：GB/T 19630—2019《有机产品生产、加工、标识与管理体系要求》。标准中对作物栽培中土肥管理、病虫草害防治、污染控制、水土保持和生物多样性保护作了明确的规定。

有机蔬菜作为有机食品中的一部分，有其生产的特殊性。蔬菜种类繁多，对生长环境及对温、光、水、气、肥等要求不尽相同，其生长时间相差较大,在整个生长过程中极易发生病虫害。在有机蔬菜生产中,有一些是利用日光温室进行反季节生产。因而,从某种意义上讲,有机蔬菜生产的难度高于一般有机食品生产。

1.3 影响蔬菜产品安全质量的主要因素

1.3.1 有害的金属、非金属物污染

有害的金属及非金属主要包括有:铬、镉、铅、汞、砷、氟。

(1) 铬 铬通常以三价和六价形式存在于自然界,在植物体中主要是三价铬,在水体中则以六价形态存在,六价铬对植物和人体的毒性最大。铬对人类是致癌物。

(2) 镉 镉为人体的非必需元素,是毒性很强的重金属,可以在人体内潜伏积累,引起急慢性中毒。20世纪50年代举世闻名的日本公害病"骨痛病"就是镉造成的。

(3) 铅 铅对人体是一种累积性毒物,铅中毒可由检查血中铅浓度进行诊断。铅中毒可造成人体红细胞生命期缩短、肾损伤及中枢神经系统紊乱。

(4) 汞 汞是一种累积性毒物,对人体危害性很大。有机汞比金属汞的毒性更大,在人体中排出比较缓慢,可侵害神经系统,使手、足麻痹。日本20世纪50年代的水俣事件即是食品中甲基汞污染引起的,当时受害人数达1200多人。

(5) 砷 砷化物的毒性很大,属于高毒物质。蔬菜能吸收被污染大气中的砷,空气中砷主要来源于金属熔炼、煤的燃烧和使用含砷的杀虫剂。砷的急性中毒表现胃肠炎症状;慢性中毒表现为多发性神经炎,砷被认为是肺癌和皮肤癌的致病因素之一。

(6) 氟 氟是累积性毒物,人体平均总含氟量为2.57g。据报道,日平均摄取20~80mg氟化物10~20年可使人中毒致残。氟的急性中毒表现为腹痛、腹泻、呕吐、四肢痛及痉挛;慢性中毒表现为牙齿异常(釉斑)、骨质脆,进而造成甲状腺和肾的功能改变。

1.3.2 硝酸盐、亚硝酸盐污染

自然界中的氮化合物硝酸盐和亚硝酸盐广泛存在。亚硝酸盐可将人体

血液中血红素的二价铁氧化成三价铁,从而失去结合氧的能力,逐渐引起机体组织缺氧,患高铁血红蛋白症。亚硝酸盐还可能与人体胃中仲胺、叔胺等次级胺形成强致癌物亚硝胺。动物实验已证实亚硝胺具有强烈的致癌性,它对动物所有的重要器官,如肝、肺、肾、膀胱、食管、胃、小肠、脑、脊髓等都能引发癌变,亚硝胺还可通过胎盘输给胎儿,导致子代畸形,如在动物妊娠期给予一定剂量的亚硝胺,其子代会产生肿瘤。人体摄入的硝酸盐80%来自蔬菜。

1.3.3 农药残留污染

农药在防治蔬菜的病虫害、提高产量和品质方面,具有重要作用。据估计,如不使用农药,蔬菜由于受病虫为害,将减产10%左右。

1.3.3.1 农药分类

农药主要指用于防治为害农林牧业的有害生物(害虫、害螨、线虫、病原菌、杂草及鼠类等)和调节植物生长的化学药品。按其来源可分为矿物源、生物源、化学合成三大类;按主要防治对象分类有杀虫剂、杀螨剂、杀菌剂、杀线虫剂、除草剂、杀软体动物剂、杀鼠剂、植物生长调节剂等。

1.3.3.2 农药残留

农药残留是农药使用后残存于生物体、农副产品和环境中的微量农药原体、有毒代谢物、降解物和杂质的总称,残存的数量称残留量。农药残留是施药后的必然现象,但如果超过最大残留限量,可对人畜产生不良影响或通过食物链对生态系统中的生物造成毒害,则称为农药残留毒性(残毒)。

1.3.3.3 蔬菜产品农药残留现状

尽管施用农药会造成不同程度的残留,但由于农药本身毒性高低不同、化学性质稳定性不同,因而造成的危害也不同。目前影响无公害蔬菜产品安全质量的农药主要为杀虫剂类农药,在此类农药中又以有机磷类杀虫剂为主,其中尤以高毒、高残留有机磷杀虫剂为甚。

1.3.3.4 三种主要的杀虫剂

(1)有机氯杀虫剂　有机氯杀虫剂主要包括滴滴涕和六六六。我国已于1983年全面停止生产和使用滴滴涕及六六六。

三氯杀螨醇是一种速效强触杀有机氯杀螨剂，主要用于防治螨虫。此农药在绿色食品蔬菜生产中，也已被明令禁止使用。

（2）氨基甲酸酯类杀虫剂　用于蔬菜生产中的氨基甲酸酯类杀虫剂主要有抗蚜威、灭多威（万灵）、克百威。在蔬菜生产中，尤其是在韭菜中造成农药残留超标的主要是克百威（呋喃丹）。克百威是一种高毒、高残留杀虫剂，故其毒性极高，在蔬菜生产中已被严禁使用。

（3）有机磷杀虫剂　目前在蔬菜生产中使用的有机磷杀虫剂有敌百虫、倍硫磷、杀螟硫磷、水胺硫磷、毒死蜱、辛硫磷，其中毒死蜱（乐斯本）为广谱性硫逐式硫代磷酸酯类杀虫剂。蔬菜生产中严禁使用的有机磷杀虫剂有：马拉硫磷、对硫磷、甲拌磷、甲胺磷、久效磷、氧化乐果等。

2　生产绿色食品的肥料使用"准则（NY/T 394—2013）

2.1　范围

本标准规定了绿色食品生产中肥料使用原则、肥料种类及使用规定。本标准适用于绿色食品的生产。

2.2　规范性引用文件

下列文件对于本文件的应用是必不可少的。凡是注日期的引用文件，仅注日期的版本适用于本文件。凡是不注日期的引用文件，其最新版本（包括所有的修改单）适用于本文件。

GB 20287 农用微生物菌剂

NY/T 391 绿色食品　产地环境质量

NY 525 有机肥料

NY/T 798 复合微生物肥料

NY 884 生物有机肥

2.3　术语和定义

下列术语和定义适用于本文件。

2.3.1 AA 级绿色食品

AA 级绿色食品指产地环境质量符合 NY/T 391 的要求，遵照绿色食品生产标准生产，生产过程中遵循自然规律和生态学原理，协调种植业和养殖业的平衡，不使用化学合成的肥料、农药、兽药、渔药、添加剂等物质，产品质量符合绿色食品产品标准，经专门机构许可使用绿色食品标志的产品。

2.3.2 A 级绿色食品

A 级绿色食品指产地环境质量符合 NY/T 391 的要求，遵照绿色食品生产标准生产，生产过程中遵循自然规律和生态学原理，协调种植业和养殖业的平衡，限量使用限定的化学合成生产资料，产品质量符合绿色食品产品标准，经专门机构许可使用绿色食品标志的产品。

2.3.3 农家肥料

农家肥料指就地取材，主要由植物和（或）动物残体、排泄物等富含有机物的物料制作而成的肥料。包括秸秆肥、绿肥、厩肥、堆肥、沤肥、沼肥、饼肥等。

（1）秸秆肥　以麦秸、稻草、玉米秸、豆秸、油菜秸等作物秸秆直接还田作为肥料。

（2）绿肥　新鲜植物体作为肥料就地翻压还田或异地施用。主要分为豆科绿肥和非豆科绿肥两大类。

（3）厩肥　圈养牛、马、羊、猪、鸡、鸭等畜禽的排泄物与秸秆等垫料发酵腐熟而成的肥料。

（4）堆肥　以动植物的残体、排泄物等为主要原料，堆制发酵腐熟而成的肥料。

（5）沤肥　动植物残体、排泄物等有机物料在淹水条件下发酵腐熟而成的肥料。

（6）沼肥　动植物残体、排泄物等有机物料经沼气发酵后形成的沼液和沼渣肥料。

（7）饼肥　含油较多的植物种子经压榨去油后的残渣制成的肥料。

2.3.4 有机肥料

有机肥料指主要来源于植物和（或）动物，经过发酵腐熟的含碳有机物料，其功能是改善土壤肥力、提供植物营养、提高作物品质。

2.3.5 微生物肥料

微生物肥料指含有特定微生物活体的制品，应用于农业生产，通过其中所含微生物的生命活动，增加植物养分的供应量或促进植物生长，提高产量，改善农产品品质及农业生态环境的肥料。

2.3.6 有机-无机复混肥料

有机-无机复混肥料指含有一定量有机肥料的复混肥料。

注：其中复混肥料是指氮、磷、钾三种养分中，至少有两种养分标明量的由化学方法和（或）掺混方法制成的肥料。

2.3.7 无机肥料

无机肥料指主要以无机盐形式存在，能直接为植物提供矿质营养的肥料。

2.3.8 土壤调理剂

土壤调理剂指加入土壤中用于改善土壤的物理、化学和（或）生物性状的物料，功能包括改良土壤结构、降低土壤盐碱危害、调节土壤酸碱度、改善土壤水分状况、修复土壤污染等。

2.4 肥料使用原则

2.4.1 持续发展原则

绿色食品生产中所使用的肥料应对环境无不良影响，有利于保护生态环境，保持或提高土壤肥力及土壤生物活性。

2.4.2 安全优质原则

绿色食品生产中应使用安全、优质的肥料产品，安全、优质的绿色食品肥料的使用应对作物(营养、味道、品质和植物抗性)不产生不良后果。

2.4.3 化肥减控原则

在保障植物营养有效供给的基础上减少化肥用量，兼顾元素之间的比例平衡，无机氮素用量不得高于当季作物需求量的一半。

2.4.4 有机为主原则

绿色食品生产过程中肥料种类的选取应以农家肥料、有机肥料、微生物肥料为主，化学肥料为辅。

2.5 可使用的肥料种类

2.5.1 AA级绿色食品生产可使用的肥料种类

可使用2.3.3、2.3.4、2.3.5规定的肥料。

2.5.2 A级绿色食品生产可使用的肥料种类

除2.5.1规定的肥料外，还可使用2.3.6、2.3.7规定的肥料及2.3.8土壤调理剂。

2.6 不应使用的肥料种类

(1) 添加有稀土元素的肥料。
(2) 成分不明确的、含有安全隐患成分的肥料。
(3) 未经发酵腐熟的人畜粪尿。
(4) 生活垃圾、污泥和含有害物质(如毒气、病原微生物、重金属等)的工业垃圾。
(5) 以转基因品种(产品)及其副产品为原料生产的肥料。
(6) 国家法律法规规定不得使用的肥料。

2.7 使用规定

2.7.1 AA级绿色食品生产用肥料使用规定

(1) 应选用2.5.1所列肥料种类，不应使用化学合成肥料。

（2）可使用农家肥料，但肥料的重金属限量指标应符合 NY 525 的要求，粪大肠菌群数、蛔虫卵死亡率应符合 NY 884 的要求。宜使用秸秆和绿肥，配合施用具有生物固氮、腐熟秸秆等功效的微生物肥料。

（3）有机肥料应达到 NY 525 技术指标，主要以基肥施入，用量视地力和目标产量而定，可配施农家肥料和微生物肥料。

（4）微生物肥料应符合 GB 20287 或 NY 884 或 NY/T 798 的要求，可与 2.5.1 所列其他肥料配合施用，用于拌种，作基肥或追肥。

（5）无土栽培可使用农家肥料、有机肥料和微生物肥料，掺混在基质中使用。

2.7.2　A 级绿色食品生产用肥料使用规定

（1）应选用 2.5.2 所列肥料种类。

（2）农家肥料的使用按 2.7.1(2) 的规定执行。耕作制度允许情况下，宜利用秸秆和绿肥，按照约 25∶1 的比例补充化学氮素。厩肥、堆肥、沤肥、沼肥、饼肥等农家肥料应完全腐熟，肥料的重金属限量指标应符合 NY 525 的要求。

（3）有机肥料的使用按 2.7.1(3) 的规定执行。可配施 2.5.2 所列其他肥料。

（4）微生物肥料的使用按 2.7.1(4) 的规定执行。可配施 2.5.2 所列其他肥料。

（5）有机-无机复混肥料、无机肥料在绿色食品生产中作为辅助肥料使用，用来补充农家肥料、有机肥料、微生物肥料所含养分的不足。减控化肥用量，其中无机氮素用量按当地同种作物习惯施肥用量减半使用。

（6）根据土壤障碍因素，可选用土壤调理剂改良土壤。

3　生产绿色食品的农药使用准则（NY/T 393—2020）

3.1　范围

本标准规定了绿色食品生产和储运中的有害生物防治原则、农药选用、农药使用规范和绿色食品农药残留要求。

本标准适用于绿色食品的生产和储运。

3.2 规范性引用文件

下列文件对于本文件的应用是必不可少的。凡是注日期的引用文件，仅注日期的版本适用于本文件。凡是不注日期的引用文件，其最新版本（包括所有的修改单）适用于本文件。

GB 2763 食品安全国家标准　食品中农药最大残留限量

GB/T 8321（所有部分）　农药合理使用准则

GB 12475 农药贮运、销售和使用的防毒规程

NY/T 391 绿色食品　产地环境质量

NY/T 1667（所有部分）　农药登记管理术语

3.3 术语和定义

NY/T 1667　界定的及下列术语和定义适用于本文件。

3.3.1　AA 级绿色食品 AA grade green food

产地环境质量符合 NY/T 391 的要求，遵照绿色食品生产标准生产，生产过程中遵循自然规律和生态学原理，协调种植业和养殖业的平衡，不使用化学合成的肥料、农药、兽药、渔药、添加剂等物质，产品质量符合绿色食品产品标准，经专门机构许可使用绿色食品标志的产品。

3.3.2　A 级绿色食品 A grade green food

产地环境质量符合 NY/T 391 的要求，遵照绿色食品生产标准生产，生产过程中遵循自然规律和生态学原理，协调种植业和养殖业的平衡，限量使用限定的化学合成生产资料，产品质量符合绿色食品产品标准，经专门机构许可使用绿色食品标志的产品。

3.3.3　农药 pesticide

用于预防、控制危害农业、林业的病、虫、草、鼠和其他有害生物以及有目的地调节植物、昆虫生长的化学合成或者来源于生物、其他天然物质的一种物质或者几种物质的混合物及其制剂。

注：既包括属于国家农药使用登记管理范围的物质，也包括不属于登记管理范围的物质。

3.4 有害生物防治原则

绿色食品生产中有害生物的防治可遵循以下原则：

——以保持和优化农业生态系统为基础：建立有利于各类天敌繁衍和不利于病虫草害孳生的环境条件，提高生物多样性，维持农业生态系统的平衡；

——优先采用农业措施：如选用抗病虫品种、实施种子种苗检疫、培育壮苗、加强栽培管理、中耕除草、耕翻晒垡、清洁田园、轮作倒茬、间作套种等；

——尽量利用物理和生物措施：如温汤浸种控制种传病虫害，机械捕捉害虫，机械或人工除草，用灯光、色板、性诱剂和食物诱杀害虫，释放害虫天敌和稻田养鸭控制害虫等；

——必要时合理使用低风险农药：如没有足够有效的农业、物理和生物措施，在确保人员、产品和环境安全的前提下，按照3.5及3.6的规定配合使用农药。

3.5 农药选用

3.5.1 所选用的农药应符合相关的法律法规，并获得国家在相应作物上的使用登记或省级农业主管部门的临时用药措施，不属于农药使用登记范围的产品（如薄荷油、食醋、蜂蜡、香根草、乙醇、海盐等）除外。

3.5.2 AA级绿色食品生产应按照附录A中A.1的规定选用农药，A级绿色食品生产应按照附录A的规定选用农药，提倡兼治和不同作用机理农药交替使用。

3.5.3 农药剂型宜选用悬浮剂、微囊悬浮剂、水剂、水乳剂、颗粒剂、水分散粒剂和可溶性粒剂等环境友好型剂型。

3.6 农药使用规范

3.6.1 应根据有害生物的发生特点、危害程度和农药特性，在主要防治对象的防治适期，选择适当的施药方式。

3.6.2 应按照农药产品标签或按GB/T 8321和GB 12475的规定使用农药，控制施药剂量（或浓度）、施药次数和安全间隔期。

3.7 绿色食品农药残留要求

3.7.1 按照第 5 章规定允许使用的农药,其残留量应符合 GB 2763 的要求。

3.7.2 其他农药的残留量不得超过 0.01mg/kg,并应符合 GB 2763 的要求。

3.8 AA 级和 A 级绿色食品生产均允许使用的农药清单

AA 级和 A 级绿色食品生产可按照农药产品标签或 GB/T 8321 的规定(不属于农药使用登记范围的产品除外)使用表 4-2 中的农药。

表 4-2 AA 级和 A 级绿色食品生产均允许使用的农药清单

类别	物质名称	备注
Ⅰ.植物和动物来源	楝素(苦楝、印楝等提取物,如印楝素等)	杀虫
	天然除虫菊素(除虫菊科植物提取液)	杀虫
	苦参碱及氧化苦参碱(苦参等提取物)	杀虫
	蛇床子素(蛇床子提取物)	杀虫、杀菌
	小檗碱(黄连、黄柏等提取物)	杀菌
	大黄素甲醚(大黄、虎杖等提取物)	杀菌
	乙蒜素(大蒜提取物)	杀菌
	苦皮藤素(苦皮藤提取物)	杀虫
	藜芦碱(百合科藜芦属和喷嚏草属植物提取物)	杀虫
	桉油精(桉树叶提取物)	杀虫
	植物油(如薄荷油、松树油、香菜油、八角茴香油等)	杀虫、杀螨、杀真菌、抑制发芽
	寡聚糖(甲壳质)	杀菌、植物生长调节
	天然诱集和杀线虫剂(如万寿菊、孔雀草、芥子油等)	杀线虫
	具有诱杀作用的植物(如香根草等)	杀虫
	植物醋(如食醋、木醋、竹醋等)	杀菌
	菇类蛋白多糖(菇类提取物)	杀菌
	水解蛋白质	引诱
	蜂蜡	保护嫁接和修剪伤口
	明胶	杀虫
	具有驱避作用的植物提取物(大蒜、薄荷、辣椒、花椒、薰衣草、柴胡、艾草、辣根等的提取物)	驱避
	害虫天敌(如寄生蜂、瓢虫、草蛉、捕食螨等)	控制虫害

续表

类别	物质名称	备注
Ⅱ. 微生物来源	真菌及真菌提取物(白僵菌、轮枝菌、木霉菌、耳霉菌、淡紫拟青霉、金龟子绿僵菌、寡雄腐霉菌等)	杀虫、杀菌、杀线虫
	细菌及细菌提取物(芽孢杆菌类、荧光假单胞杆菌、短稳杆菌等)	杀虫、杀菌
	病毒及病毒提取物(核型多角体病毒、质型多角体病毒、颗粒体病毒等)	杀虫
	多杀霉素、乙基多杀菌素	杀虫
	春雷霉素、多抗霉素、井冈霉素、嘧啶核苷类抗菌素、宁南霉素、申嗪霉素、中生菌素	杀菌
	S-诱抗素	植物生长调节
Ⅲ. 生物化学产物	氨基寡糖素、低聚糖素、香菇多糖	杀菌、植物诱抗
	几丁聚糖	杀菌、植物诱抗、植物生长调节
	苄氨基嘌呤、超敏蛋白、赤霉酸、烯腺嘌呤、羟烯腺嘌呤、三十烷醇、乙烯利、吲哚丁酸、吲哚乙酸、芸苔素内酯	植物生长调节
Ⅳ. 矿物来源	石硫合剂	杀菌、杀虫、杀螨
	铜盐(如波尔多液、氢氧化铜等)	杀菌,每年铜使用量不能超过6kg/hm²
	氢氧化钙(石灰水)	杀菌、杀虫
	硫黄	杀菌、杀螨、驱避
	高锰酸钾	杀菌,仅用于果树和种子处理
	碳酸氢钾	杀菌
	矿物油	杀虫、杀螨、杀菌
	氯化钙	用于治疗缺钙带来的抗性减弱
	硅藻土	杀虫
	黏土(如斑脱土、珍珠岩、蛭石、沸石等)	杀虫
	硅酸盐(硅酸钠,石英)	驱避
	硫酸铁(3价铁离子)	杀软体动物
Ⅴ. 其他	二氧化碳	杀虫,用于储存设施
	过氧化物类和含氯类消毒剂(如过氧乙酸、二氧化氯、二氯异氰尿酸钠、三氯异氰尿酸等)	杀菌,用于土壤、培养基质、种子和设施消毒
	乙醇	杀菌
	海盐和盐水	杀菌,仅用于种子(如稻谷等)处理
	软皂(钾肥皂)	杀虫
	松脂酸钠	杀虫
	乙烯	催熟等
	石英砂	杀菌、杀螨、驱避
	昆虫性信息素	引诱或干扰
	磷酸氢二铵	引诱

注：国家新禁用或列入《限制使用农药名录》的农药自动从该清单中删除。

3.9　A级绿色食品生产允许使用的其他农药清单

当表4-2所列农药不能满足生产需要时，A级绿色食品生产还可按照农药产品标签或GB/T 8321的规定使用下列农药：

(1) 杀虫杀螨剂

① 苯丁锡 fenbutatin oxide
② 吡丙醚 pyriproxifen
③ 吡虫啉 imidacloprid
④ 吡蚜酮 pymetrozine
⑤ 虫螨腈 chlorfenapyr
⑥ 除虫脲 diflubenzuron
⑦ 啶虫脒 acetamiprid
⑧ 氟虫脲 flufenoxuron
⑨ 氟啶虫胺腈 sulfoxaflor
⑩ 氟啶虫酰胺 flonicamid
⑪ 氟铃脲 hexaflumuron
⑫ 高效氯氰菊酯 betacypermethrin
⑬ 甲氨基阿维菌素苯甲酸盐 emamectin benzoate
⑭ 甲氰菊酯 fenpropathrin
⑮ 甲氧虫酰肼 methoxyfenozide
⑯ 抗蚜威 pirimicarb
⑰ 喹螨醚 fenazaquin
⑱ 联苯肼酯 bifenazate
⑲ 硫酰氟 sulfuryl fluoride
⑳ 螺虫乙酯 spirotetramat
㉑ 螺螨酯 spirodiclofen
㉒ 氯虫苯甲酰胺 chlorantraniliprole
㉓ 灭蝇胺 cyromazine
㉔ 灭幼脲 chlorbenzuron
㉕ 氰氟虫腙 metaflumizone
㉖ 噻虫啉 thiacloprid
㉗ 噻虫嗪 thiamethoxa
㉘ 噻螨酮 hexythiazox
㉙ 噻嗪酮 buprofezin
㉚ 杀虫双 bisultap thiosultap-disodium
㉛ 杀铃脲 triflumuron
㉜ 虱螨脲 lufenuron
㉝ 四聚乙醛 metaldehyde
㉞ 四螨嗪 clofentezine
㉟ 辛硫磷 phoxim
㊱ 溴氰虫酰胺 cyantraniliprole
㊲ 乙螨唑 etoxazole
㊳ 茚虫威 indoxacard
㊴ 唑螨酯 fenpyroximate

(2) 杀菌剂

① 苯醚甲环唑 difenoconazole
② 吡唑醚菌酯 pyraclostrobin
③ 丙环唑 propiconazol
④ 代森联 metriam
⑤ 代森锰锌 mancozeb
⑥ 代森锌 zineb
⑦ 稻瘟灵 isoprothiolane
⑧ 啶酰菌胺 boscalid

⑨ 啶氧菌酯 picoxystrobin
⑩ 多菌灵 carbendazim
⑪ 噁霉灵 hymexazol
⑫ 噁霜灵 oxadixyl
⑬ 噁唑菌酮 famoxadone
⑭ 粉唑醇 flutriafol
⑮ 氟吡菌胺 fluopicolide
⑯ 氟吡菌酰胺 fluopyram
⑰ 氟啶胺 fluazinam
⑱ 氟环唑 epoxiconazole
⑲ 氟菌唑 triflumizole
⑳ 氟硅唑 flusilazole
㉑ 氟吗啉 flumorph
㉒ 氟酰胺 flutolanil
㉓ 氟唑环菌胺 sedaxane
㉔ 腐霉利 procymidone
㉕ 咯菌腈 fludioxonil
㉖ 甲基立枯磷 tolclofos-methyl
㉗ 甲基硫菌灵 thiophanate-methyl
㉘ 腈苯唑 fenbuconazole
㉙ 腈菌唑 myclobutanil
㉚ 精甲霜灵 metalaxyl-M
㉛ 克菌丹 captan
㉜ 喹啉铜 oxine-copper
㉝ 醚菌酯 kresoxim-methyl

㉞ 嘧菌环胺 cyprodini
㉟ 嘧菌酯 azoxystrobin
㊱ 嘧霉胺 pyrimethanil
㊲ 棉隆 dazomet
㊳ 氰霜唑 cyazofamid
㊴ 氰氨化钙 calcium cyanamide
㊵ 噻呋酰胺 thifluzamide
㊶ 噻菌灵 thiabendazole
㊷ 噻唑锌
㊸ 三环唑 tricyclazole
㊹ 三乙膦酸铝 fosetyl-aluminium
㊺ 三唑醇 triadimenol
㊻ 三唑酮 triadimefon
㊼ 双炔酰菌胺 mandipropamid
㊽ 霜霉威 propamocarb
㊾ 霜脲氰 cymoxanil
㊿ 威百亩 metam-sodium
51 萎锈灵 carboxin
52 肟菌酯 trifloxystrobin
53 戊唑醇 tebuconazole
54 烯肟菌胺 fenamin strobin
55 烯酰吗啉 dimethomorph
56 异菌脲 iprodione
57 抑霉唑 imazalil

(3) 除草剂

① 2 甲 4 氯 MCPA
② 氨氯吡啶酸 picloram
③ 苄嘧磺隆 bensulfuron-methyl
④ 丙草胺 pretilachlor
⑤ 丙炔噁草酮 oxadiargyl
⑥ 丙炔氟草胺 flumioxazin

⑦ 草铵膦 glufosinate-ammonium
⑧ 二甲戊灵 pendimethalin
⑨ 二氯吡啶酸 clopyralid
⑩ 氟唑磺隆 flucarbazone-sodium
⑪ 禾草灵 diclofop-methyl
⑫ 环嗪酮 hexazinone

⑬ 磺草酮 sulcotrione
⑭ 甲草胺 alachlor
⑮ 精吡氟禾草灵 fluazifop-P
⑯ 精喹禾灵 quizalofop-P
⑰ 精异丙甲草胺 s-metolachlor
⑱ 绿麦隆 chlortoluron
⑲ 氯氟吡氧乙酸(异辛酸)fluroxypyr
⑳ 氯氟吡氧乙酸异辛酯 fluroxypyr-mepthyl
㉑ 麦草畏 dicamba
㉒ 咪唑喹啉酸 imazaquin
㉓ 灭草松 bentazone
㉔ 氰氟草酯 cyhalofop butyl
㉕ 炔草酯 clodinafop-propargyl
㉖ 乳氟禾草灵 lactofen
㉗ 噻吩磺隆 thifensulfuronmethyl
㉘ 双草醚 bispyribac-sodium
㉙ 双氟磺草胺 florasulam
㉚ 甜菜安 desmedipham
㉛ 甜菜宁 phenmedipham
㉜ 五氟磺草胺 penoxsulam
㉝ 烯草酮 clethodim
㉞ 烯禾啶 sethoxydim
㉟ 酰嘧磺隆 amidosulfuron
㊱ 硝磺草酮 mesotrione
㊲ 乙氧氟草醚 oxyfluorfen
㊳ 异丙隆 isoproturon
㊴ 唑草酮 carfentrazone-ethyl

(4) 植物生长调节剂
① 1-甲基环丙烯 1-methylcyclopropene
② 2,4-滴 2,4-D（只允许作为植物生长调节剂使用）
③ 矮壮素 chlormequat
④ 氯吡脲 forchlorfenuron
⑤ 萘乙酸 1-naphthal acetic acid
⑥ 烯效唑 uniconazole

国家新禁用或列入《限制使用农药名录》的农药自动从上述清单中删除。

第5章 蔬菜绿色高质高效技术协同应用案例

1 日光温室番茄"4+秸秆综合利用"技术协同模式

1.1 技术概况

在蔬菜栽培过程中,多种单项实用技术协同应用是实现蔬菜绿色、高质、高效目标的重要途径,也是未来蔬菜栽培技术的发展趋势。日光温室番茄"4+秸秆综合利用"技术协同模式通过协同应用工厂化秧苗、水肥一体化、病虫害绿色防控(粘虫板捕虫等)、亩增施500kg以上生物有机肥+蔬菜秸秆综合利用等措施,不但解决了蔬菜废弃物随意堆放、丢弃而污染环境的问题,而且克服了番茄生产过程中的土壤连作障碍,提高了番茄植株的抗逆性,做到了化肥农药减量增效,实现了绿色优质高效目标。此技术协同模式是蔬菜绿色高质高效栽培中主推的一项综合模式。

1.2 技术路线

1.2.1 定植前准备

1.2.1.1 选用高产优质品种

选择抗逆性强、抗病、耐低温、耐贮运、植株长势强的无限生长型品种,如凯德198、凯德398、凯德力王等。

1.2.1.2　工厂化秧苗壮苗选择

番茄秧苗标准为四叶一心，子叶不脱落，苗木健壮，无病虫害，叶色浓绿，根毛白色、多而粗壮，无病虫，大小均匀一致，植株上的茸毛较多，苗平顶而不突出，根系发育正常，无激素所致畸形苗，单盘秧苗整齐、无空穴、不徒长、无机械损伤，生理苗龄达到4～5片真叶，日历苗龄25～30d。

1.2.1.3　秸秆综合利用

一般在6～8月休闲季节进行土壤高温闷棚消毒，此时正处于夏季温度最高时期，光照最好，实施效果最佳。具体操作步骤如下：

（1）上茬生产结束后，利用秸秆粉碎还田机把上茬作物秧子打碎，将农家肥施入棚内进行旋耕，旋耕深度30～40cm。

（2）将准备好的玉米秸秆（粉碎或铡成4～6cm的小段，以利于翻耕）均匀撒于地表，每667m²用量1000～1200kg。然后在秸秆表面均匀喷施有机物料腐熟剂，每667m²施4.5kg。

（3）深翻。用旋耕机将秸秆深翻入土壤，深度30～40cm为佳。翻耕应尽量均匀。

（4）密封地面。用透明的塑料薄膜（尽量不要用地膜），将土壤表面密封起来。覆膜一定要封严，不要漏气。

（5）灌水。从薄膜下往畦灌水，直至畦湿透为止。或用喷灌喷施，喷透，但地面不能一直有积水。

（6）封闭棚室。一般晴天时，20～30cm的土层能较长时间保持在40～50℃，室内可达到70℃以上的温度。持续15～20d左右。

（7）闷棚结束。打开棚室通风口，揭开地面薄膜，晒晾3～4d，翻耕土壤。

1.2.2　定植

一般在7月份定植。定植前亩施硫酸钾20kg，活性钙或硝酸铵钙20～25kg，硼肥1kg，锌肥1kg，生物有机肥500kg。将有机肥和无机肥混合拌匀，均匀撒施，然后旋耕起垄，单垄定植，垄距1m，株距33cm。每667m²保苗2000～2200株。穴深与苗坨高度一致，不宜深，防止立枯等土传病害的发生。定植时浇定植水，定植水中可适量加入促根的肥料如氨基酸特效生根壮苗剂，以利于促根。定植5～7d后灌缓苗水，如果棚内高温干旱，可浇大沟。

1.2.3 定植后的管理

1.2.3.1 温度管理

定植后缓苗前棚温高、地温高利于缓苗。缓苗前温度不超过30℃不需放风，以28℃左右为宜。温度高时应加强通风、洒水、遮阳降温。缓苗后室内温度较高时，应尽可能地加大放风量，必要时可上遮阳网。白天的温度保持在24～26℃，夜间的温度保持在13～15℃。9月中下旬，随着外界温度的降低，白天要逐渐缩小放风口，减少通风量，晚上注意保温，把底风关好，并逐步缩小顶部放风口。最适宜的昼温25～28℃，最低昼温18℃；最适宜的夜温14～17℃，最低夜温不低于8℃。番茄生长最适宜的地温为20℃，最低不低于15℃。

1.2.3.2 水肥管理

（1）安装滴灌装置，在水源与输水管的接口处装过滤网，防止水中杂质进入，然后铺设输水管并在前部与吸肥器连接，做到水肥并施。

（2）缓苗后到坐果前，保持见干见湿，并适当中耕。坐果后保持水分的均匀供应。番茄是喜钾、喜钙的作物，对肥水需求规律一般随着植株生长而逐渐增加。主要以钾肥为主，并根据秧苗长势，适当配施氮、磷肥。第一次追肥灌水在第一穗果长到鸡蛋黄大小时进行，一般温室壮苗每$667m^2$每次施用平衡肥7.5～10kg；以后，每层果膨果时都要追一次高钾肥。在叶面追肥方面，幼苗期每7～10d在叶面喷施一次。开花期喷施磷酸二氢钾，缺硼和钙的棚室适当喷施硼、钙2～3次。结果期可喷施磷酸二氢钾、靓果素等含钾的叶面肥。坐果后，要及时补钙，每$667m^2$冲施5kg/次，20d一次，冲施2～3次。

1.2.3.3 光照管理

番茄是喜光作物，光饱和点为70000lx，光照不足，对番茄发育不利，病害加重，产量降低，品质下降。要经常保持棚膜光洁。11月至翌年2月，应用植物生长灯补光，正常晴天冬季日光温室生产中，在掀开草帘和覆盖草帘前后分别使用2h，可促进番茄生长，明显提高商品品质，增强植株抗性，减少药剂的使用，节约生产成本。有效解决因光照不足（阴、雨、雪、雾、霾天气)造成的开花延迟、落花、落果、畸形果等问题。

1.2.3.4 植株调整

采用单秆整枝,每株一茬,留 5~6 穗果,最后一穗果上留 3 片叶掐尖,每穗留果 4~6 个。及时吊绳,防止倒秧,及时除去侧枝及花序前枝和叶,防止养分的不必要消耗。当植株第一穗花序开放时开始绑蔓,绑蔓要及时。绑蔓时将花序露在外面,绑在花序下第一、第二片叶之间,松紧要适度,便于喷花、疏花和疏果操作。及时挠秧,使其生长有序,不造成相互遮挡。

1.2.3.5 授粉与坐果

(1) 保果技术 当花蕾开放时,可以先震动花序,待花开到 3~5 朵时,一齐蘸花,这样的果才齐,同时又对畸形和空洞果有一定的预防作用。蘸花一般在晴天上午进行,温度在 20~25℃ 时较为适合,当温度在 30℃ 以上时尽量停止蘸花,否则易出现小叶现象。蘸花的浓度,一般用丰产剂 2 号一支兑 0.75~1.0kg 水,温度高时兑水多一些,反之少些。1.5% 对氯苯氧乙酸钠(防落素)1mL 兑水 0.65~1kg,或 CPM 番茄丰收素 1 支兑 1kg 水(每穗花序的第一个花不活),及时疏花疏果,以免造成果个小、一等果率下降等问题。每穗选留 4 个果,长势旺的可选留 5 个。禁止使用 2,4-D,番茄开花授粉后 4~5 天果实开始膨大,7~20 天最快,30 天后膨大到极限,40~50 天开始着色,达到成熟。这一时期秧果同时生长,应加强肥水管理,并通过植株调整等措施保持营养生长和生殖生长的均衡,以达高产的目的。

(2) 番茄授粉器授粉 番茄授粉器是用于番茄授粉的高科技产品,它的原理是通过授粉器振动使花粉自然飘落到花柱上从而达到授粉的目的。番茄授粉器与传统的授粉方式相比,具有以下独特优势。一是安全性。自然授粉方式,减少了激素污染,减少了农药的使用。二是促进坐果,提高产量。使用授粉器的平均坐果率可达 80% 以上。三是提高果实品质。使用授粉器授粉,果实均匀整齐,无空心果和畸形果,产量高、品质好。四是节省成本,有效预防病害。

1.2.3.6 打叶

秋冬和早春栽培,为了提早成熟,在 1~2 穗果长到够大时,将果以下的叶片全部打掉,打叶片时,一定不要留叶柄,要贴近茎秆掰掉。但在高温季节就不能打叶过狠，否则会造成裂果。打叶一般在晴天上午进行，阴雨天一般不打叶。伤口大的一般涂甲霜灵、福美双等药剂。

1.2.3.7 病虫害防治

（1）"预防为主、综合防治"，重点在防。定植前及时上防虫网，定植后及时张挂捕虫板。每 667m² 使用 20cm×30cm 的黄板、蓝板各 20 片，每块间隔 2~3m，用铁丝细线等进行悬挂固定，因害虫有趋嫩性，悬挂距离以黄蓝板下端距离作物顶端 20cm 为宜，悬挂过高则起不到防虫效果。随着作物的生长移动黄蓝板的高度。发现虫害及时喷药。

（2）用弥粉机喷粉防治温室内各种真菌、细菌、害虫等。在大棚内直接喷粉，不仅能够解决大棚高湿环境下无法打药的难题，也大大降低了棚内湿度，药剂利用率高，经过机器处理后，喷出的药粉带静电，可均匀地吸附在作物叶片正反面，比传统喷雾提高农药利用率 30%，节省农药用量 50% 以上。同时这种喷粉的施药方式还大大降低了棚户的喷药劳动强度，省时又省力。应用化学药物防病虫害时一定要注意在安全采收间隔期进行采收。

1.3 效益分析

1.3.1 经济效益分析

番茄绿色高质高效生产中，每 667m² 还田 1000kg 秸秆和增施 500kg 生物有机肥，可有效提高土壤有机质含量，减少化肥施用量 10% 以上。通过粘虫板捕虫、弥粉机打药，每 667m² 施药量 50g 一次，比常规施药节省 50%，同时这种喷粉的施药方式还大大降低了棚户的喷药劳动强度，省时又省力。冬季使用植物生长灯补光，有效解决因光照不足（阴、雨、雪、雾、霾天气）造成的开花延迟、落花、落果、畸形果等问题，可增产 10% 以上。按照番茄"4＋秸秆综合利用"栽培技术模式生产，平均每 667m² 可增收 1500 元以上，节省农药化肥成本 300 元左右。

1.3.2 生态、社会效益分析

通过推广应用新品种、新技术，减少了农药、化肥等投入，降低了商品农药残留，可有效提高蔬菜产品质量，使蔬菜达到绿色标准，进而获得绿色、高质、高效的农产品；滴灌是农业最节水的灌溉技术之一，应用滴灌设备浇水，比漫灌节省用水 30% 以上；通过秸秆还田利用，解决蔬菜废弃物随意堆放、丢弃而污染环境的问题；蔬菜秸秆还田可提高土壤有机质含量，破除土壤板结，改善棚室土壤理化性状，克服连作障碍，大幅度提高产量，农民增产增收；同时提高了劳动效率，改善了设施农业生产条件，对保护和改善农村生态环境、建设社会主义新农村必将起到积极推动作用。

2　日光温室黄瓜"4+辣根素土壤消毒"技术协同模式

2.1　技术概况

工厂化育苗、水肥一体化、病虫害绿色防控（粘虫板捕虫等）、增施生物有机肥+辣根素土壤消毒，有效防治根结线虫、根腐病等土传病害，可杀灭蛴螬、地老虎、蝼蛄等地下害虫；有效防治各种土传病菌，解决连茬作物障碍。有效抑制杂草生长，减少草害。提高农产品商品质量，延长产品保鲜期。

2.2　技术路线

2.2.1　定植前准备

2.2.1.1　品种选择

选择对低温和弱光耐力强，植株长势较旺而不易徒长，雌花节位低，结瓜性好，比较抗病，品质优，产量高的优良品种。当前应用较多的如中荷系列、驰誉系列、津绿系列、冬美系列等品种。嫁接砧木选择强力一闪、博强1号、博特2号等南瓜种子。

2.2.1.2　工厂化秧苗选择

选择口碑好、规模大、讲诚信的育苗企业育苗，订苗数量按黄瓜品种特性确定。壮苗标准：苗龄 35～40 天，株高 10～13cm，茎粗 0.6～

0.8cm，节间短，叶片肥厚，苗木健壮，无病虫害，根系发育正常，无激素所致畸形苗，单盘苗木整齐，无空穴，不徒长，无机械损伤，无病虫黄叶，粗细均匀，整齐一致。每 667m^2 订购 3200～3500 株。

2.2.1.3　准备农家肥

农家肥充分腐熟发酵，每 667m^2 施羊粪 12m^3 或牛粪 15m^3。没有农家肥的，可施用生物有机肥料，每 667m^2 施用 400～500kg。有条件的可用煮熟发酵好的黄豆每 667m^2 施 100kg 效果更好。

2.2.1.4　棚室及土壤消毒

一般在 6～8 月休闲季节进行土壤消毒，此时正处于夏季温度最高时期，光照最好，使用辣根素土壤消毒效果最佳。首先把粪肥施入棚内，旋耕土壤 30～40cm。将辣根素兑水配成一定浓度，然后采用随水浇灌、滴灌的方式均匀施药处理土壤，建议每 667m^2 用量 3～5L。均匀施药后，浇透水，然后立即覆盖不透气塑料膜，并用土压实，密闭熏蒸消毒，5～7 天后揭膜透气 2～3 天即可定植。

2.2.1.5　应用秸秆生物反应堆

方法参照第一章。

2.2.2　定植

2.2.2.1　定植方法

定植时间 10 月上旬～11 月上旬，建议采用高畦或高垄栽培。作 1.2m 畦，畦高 15～20cm。于晴天按株距 27～30cm 定植，依品种而定，每 667m^2 保苗 3200～3500 株。栽后在两垄间浇水，水量不宜过大，缓苗后再浇一次缓苗水，并浇透。缓苗后进行松土，隔 3～5 天连续松土 2～3 次，然后覆上地膜。

2.2.2.2　注意事项

(1) 黄瓜属浅根系，入土浅，根系再生能力差，吸收能力差，对氧要求严格，要求表层土壤空气充足，因此，黄瓜定植时宜浅栽，嫁接刀口距土层距离在 2cm 左右，且定植后要勤中耕松土。

(2) 茎基部有生不定根能力，尤其是幼苗，生不定根能力强，栽培上有"点水诱根"之说，在栽培过程中，茎基部经常形成一些根原基，应采取有效措施，创造宜发根环境，促其根原基发育成不定根。

2.2.3 定植后的管理

2.2.3.1 温度管理

定植后最高温度 28～30℃ 为宜，最低温度不宜低于 10℃，地温应不低于 15℃，早晨揭帘时不低于 8℃，到初花期时秧苗已甩蔓，用渔网线配合落秧夹吊蔓，此期若温光条件好，秧苗极易徒长，管理以控为主，促进根系发育，如造成茎叶疯长结果期极易出现化瓜、花打顶、早衰等生理病害。建议将黄瓜 5 节以下的花全部抹去以促根为主，为以后高产打下基础。

2.2.3.2 严冬季节管理

（1）此期以控为主。冬春茬黄瓜始收期一般在 1 月份，这标志着由此进入结果期，需进行大肥水管理，但室外处于严寒季节，温度低，光照不足，营养制造得少，1 月份浇水建议使用微喷灌或滴灌。此期应注意以下几点：一是必须要在地温保持在 13℃ 以上时浇水，并且要在旱时浇水。二是遇到特别寒冷的天气，不要急于浇水，要推迟 2～3 天等气温稍有回升，地温上升时再浇。三是当瓜长到 13～14cm 时，要在膜下沟中浇水，结合浇水追 1 次肥，肥以生根促瓜为主。

（2）2 月份进入结果期，此时期 10～15d 浇 1 次水，结合浇水追生根肥、带钾肥等，并且要加强钙镁肥的施用，以后 7～8d 浇 1 次水，随水追肥，不浇空水。

（3）保持棚膜清洁。用拖布擦掉棚膜上的灰尘，尽量多透阳光，满足光照。

（4）采用变温管理。上午尽量升温，温度超过 35℃ 时，顶部放风。放风时根据棚内温、湿度条件，风口要逐渐加大，避免一次性把风口揭开过大。下午降到 17℃ 时盖草帘子，前半夜 15～20℃ 以上，后半夜 11～13℃，凌晨 7～10℃。如此变温管理能使营养生长和生殖生长平衡，植株节间短，叶片较小而厚，有利于通风透光，提高抗逆性，减少病害发生，延长生长期。

（5）出现连续阴雪天和严寒天气室温无法保证时，可临时补温，增加保温设施。

(6) 天气久阴时间超过 3 天乍晴时，室温不能骤然升得太高。此时地温低，植株弱，温度高会造成根系吸水不足，地上蒸腾太快易使植株萎蔫，导致病害发生。此时可叶面喷 72% 农用链霉素 4000 倍液加赤•吲乙•芸苔(碧护)、绿丰素、甲壳质等植物生长调节剂 600~800 倍液，如已出现冻害，要采用缓慢升温的办法，如中午出现萎蔫严重时应注意遮阳。

(7) 及时摘除侧枝、老叶、雄花、卷须和多余的雌花，以减少养分消耗。落秧后秧苗应保证在 1.5m 左右，提倡少落、勤落。瓜秧长到 1.8m 左右，采用落蔓方法进行整枝。落蔓前，打掉下部老叶，落下茎。

(8) 增施二氧化碳气肥。温室冬季很少放风，室内二氧化碳浓度低，不利于植株进行光合作用。施用二氧化碳有显著的增产作用，特别是在 1 月下旬~2 月末，室内处于封闭状态，这时补充二氧化碳对黄瓜增产极其有利。

(9) 如出现弯瓜可采用悬挂小石块的方法物理拉直，一般在幼瓜坐住后发现弯曲时悬挂。

2.2.3.3 采摘初期管理

(1) 温度管理。一般秋冬茬黄瓜在新年前后开始采收，这时主要管理措施是保温，促产量，此期产品市场价格也最高。因此，要想获得高产、高效，必须把保温作为重点来抓。此期应尽量小放风，短时间放风。1~2 月份，白天温度超过 35℃ 再放风，放风一般不超过两个小时，大部分时间内棚室应保持 25℃ 以上，温度低于 20℃ 时放棉被，以便保持棚室温度。前半夜棚室在 18℃ 以上，早晨温度达到 12℃ 左右。此期少浇水，必须使用滴灌或渗灌，每次滴灌时间不超过 2 小时。

(2) 水肥管理。每浇 1 次，必须冲肥，肥以生根促瓜的为主。

(3) 增施二氧化碳气肥。

2.2.3.4 后期管理

(1) 落秧管理　提倡勤落秧，植株保持在 1.3~1.6m 范围内，因为后期管理温度高，棚室上部分在中午时温度过高，不利于黄瓜生长，而高度 1.6m 以下范围内与上部温度相差 5~6℃。这段高度适合黄瓜生长温度，所以要勤落秧，使秧苗高度不超过 1.6m。每次落秧 0.3~0.5m，不要落得过矮。施肥方面，立春前使用生根肥不使用钾肥，共施 3 次。特别在 3 月份后要加大水肥用量。

(2) 光照、温度管理　要用净膜布带条和室内后墙挂反光幕等措施增加光照。进入结果期，以五段变温管理为主，上午28~30℃，下午20~25℃，前半夜15~20℃，后半夜11~13℃，清晨8~10℃，以促进营养生长和生殖生长的平衡，延长生长期。但最冷的1~2月份上午要在28~30℃的基础上，提高2~4℃，以增加棚室热量蓄积，防止夜温过低，影响生长。11月至翌年3月，应用植物生长灯补光，正常晴天冬季日光温室生产中，在掀开草帘和覆盖草帘前后分别使用2h，可达到促进黄瓜生长，明显提高商品品质，增强植株抗性，减少药剂的使用，节约生产成本的效果。有效解决因光照不足（阴、雨、雪、雾、霾天气）造成的开花延迟、落花、落果、畸形果等问题。3月份以后，随着外界气温的逐步升高，要及时放风调节棚温。夜温稳定在8℃以上时，可不覆盖防寒物；稳定在13℃以上时，可整夜放风。

2.2.4 采收

瓜条达到本品种商品性状就要及时采收，要防止过晚采摘，影响产量。

2.2.5 病虫害防治

参见本章1.2.3.7。

2.3 效益分析

2.3.1 经济效益分析

黄瓜绿色、高质、高效生产中，增施500kg生物有机肥，可减少化肥施用量5%；通过秸秆反应堆应用，冬季可提高地温2℃；提高棚内二氧化碳浓度，提高作物抗病性；节水20%、节肥20%、节药20%；黄瓜提前上市5~7天，延迟结束10~15天，增产25%。通过粘虫板捕虫、弥粉机打药，每667m^{2}每次施药量50~70g，比常规施药节省30%，同时这种喷粉的施药方式还大大降低了棚户的喷药劳动强度，省时又省力。冬季使用植物生长灯补光，可有效解决因光照不足造成的开花延迟、落花、落果、畸形果等问题，增产10%以上。按照黄瓜"4＋辣根素土壤消毒"栽培技术模式生产，平均每667m^{2}可增收2000元以上，节省农药化肥成本

300 元左右。

2.3.2 生态、社会效益分析

辣根素是山嵛菜、芥菜籽、辣根等植物中的次生代谢物质,有效成分是异硫氰酸烯丙酯,具有持效期长,对人畜安全,环境友好,生育期可使用防治根结线虫等特点,是绿色、有机食品生产的好帮手,使用辣根素对土壤消毒,可有效杀死土壤中的根结线虫和各种真菌、细菌病害,实现根结线虫的绿色防控。降低黄瓜的农药残留,有效提高蔬菜产品质量,使蔬菜达到绿色标准,同时可提高劳动效率,改善设施农业生产条件,保护和改善生态环境。

附 录

1 设施蔬菜主栽品种调查表

蔬菜种类	栽培品种	品种特性
番茄	意佰芬	抗 TY(番茄黄化曲叶病毒)、抗枯萎病、黄萎病、叶霉病,抗病性表现达 90%以上。单果重可达 280g,精品果率高、色泽好、硬度高、耐贮运、产量高
	凯撒	杂交一代无限生长型大红番茄。植株长势旺盛,节间适中,颜色红,无青肩,萼片美观,果实圆形略扁,单果重 180~200g。抗病强,抗根结线虫、叶霉病、番茄斑萎病毒及番茄黄化曲叶病毒
	瑞菲	杂交一代无限生长型大红番茄品种,中早熟品种。植株长势强,耐热性好,坐果能力强,果实均匀整齐,果形扁圆形,颜色美观,萼片开张,平均单果重约 200g。果实硬度好,耐贮运
	卓粉226	果实呈高圆形,粉红色,硬度高,果皮厚,口味佳,果实大小均匀,萼片平展,单果重 220g 左右。其叶片中等大小,节间短。植株长势强,属无限生长类型。其连续坐果能力强,产量高。综合抗病性强,抗 TY 病毒病、叶霉病、灰叶斑病等番茄常见病害能力强。适合日光温室冬春及早春设施栽培
	优抗801	抗 TY,果个大,单果平均重 230~280g,挂果能力极强。耐低温,冬春茬口栽培果个大,产量高
	凯德198	荷兰引进粉果,果色靓丽,中型偏大果实,精品果率极高。高温下不裂果、不起纹、不变软、无畸形果。抗 TY、耐线虫
	凯德力王	抗裂、高产、颜色靓丽、硬度好、抗死秧、抗灰叶斑、果形周正
	罗拉	对 TY、TMV(烟草花叶病毒)、枯萎病、黄萎病、根结线虫有良好抗性,硬度大、耐贮运、货架期长
	威曼83-06	红果。无限生长、长势旺、坐果率高、耐低温、品质佳、耐贮运
	索菲亚	粉果。无限生长、肉厚耐运、品质佳、抗病性强
	欧盾	无限生长型,粉果,中早熟,特耐运输,商品性优异。生长旺盛,连续坐果能力强,抗病性强

续表

蔬菜种类	栽培品种	品种特性
角瓜	冬玉	长势旺盛,强雌性,每叶一瓜;瓜长22cm,粗5～6cm,颜色嫩绿,光泽度特好,品质佳;瓜条粗细均匀,商品性好;中偏早熟,抗病性强,采收期长
	凯撒	植株长势旺盛,茎秆粗壮,叶片大而厚,带瓜力强,瓜长22～24cm,粗6～8cm,单瓜重300～400g,瓜色翠绿,商品性极好;产量高,抗逆、抗白粉病能力强,单株收瓜可达35个以上,亩产15000kg,效益明显高于同类产品。一年四季均可栽培
	法拉利	植株长势旺盛,茎秆粗壮,叶片大而肥厚,耐低温弱光性好,带瓜能力强,瓜长26～28cm,粗6～8cm。单瓜重300～400g,瓜条长,瓜形稳定,膨大快,耐存放,瓜皮光滑细腻,油亮翠绿,商品性好;低温后返秧快,产量高,抗逆性强、抗白粉病能力强;单株收瓜可达35个以上,亩产15000kg
	绿尊88	中早熟,长势旺盛,极耐寒,瓜码密,瓜色翠绿且有光泽、圆柱形,无棱或略显棱沟,长22～25cm,粗5～6cm,质优、形美,耐贮运,茎秆粗壮,根系发达,抗逆性强,抗病性好,连续坐果能力极强,且生长速度快,产量极高,采收期可达200天以上
	皇马冬悦	耐寒,适应性强,高产,短把,齐头,管理技术要求低
	巴斯特	中熟,果色翠绿,光泽良好,长棒状,商品瓜长25cm左右,连续结瓜能力强,膨瓜速度快。植株长势强,拉秧快,叶片有生理白斑,缺刻深,透光率高,抗病能力好
茄子	娜塔丽	植株开展度大,花萼中等大小,叶片中等大小,萼片无刺,早熟。丰产性好,生长速度快,采收期长
	西安绿茄	早熟品种,株高60～70cm,一般6～7叶着生第一果,果实卵圆形,油绿色,有光泽,肉质松软适中,品质上等,单果重300～400g,丰产性好,抗病耐寒,适应性强
	托米娜 33-22	绿尊紫长茄一代杂交种。该品种株型直立,果实长棒状,光泽度好,商品性好,单果质量350g,无限生长型,抗黄萎病和绵疫病,适于设施长季栽培
青椒	奥黛丽	早熟,长方形甜椒,植株节间短,侧枝少,易管理,连续坐果能力强,耐寒性好,返头快,果实大小适中,果长14cm左右,果径7.5cm左右,单果均重220g,果实整齐性好,绿椒颜色较浅,光泽度好,硬度好,耐运输,成熟时颜色由绿转红,抗病毒,抗TMV3,TSWV(番茄斑萎病毒)

续表

蔬菜种类	栽培品种	品种特性
尖椒	37-74	荷兰瑞克斯旺公司在中国新推出的F1代杂交种,植物开展度中等、生长旺盛,连续坐果性强,采收期长,耐寒性好。适合越冬、早春和秋延后设施种植。果实羊角形,淡绿色。在正常温度下,长度20~25cm,直径4cm左右,外表光亮,商品性好。单果重80~120g,辣味浓,抗锈斑病和烟草花叶病毒病
	37-82	荷兰瑞克斯旺公司在中国新推出的F1代杂交种,植物开展度中等、生长旺盛,连续坐果性强,采收期长。耐寒性好。适合越冬、早春和秋延后设施种植。果实羊角形,绿色。在正常温度下,长度23~28cm,直径4cm左右,外表光亮,商品性好。单果重80~120g,抗锈斑病和烟草花叶病毒病
	37-89	荷兰瑞克斯旺公司在中国新推出的F1代杂交种,植物开展度中等、生长旺盛,连续坐果性强,采收期长。耐寒性好,适合越冬,果实羊角形,淡黄色。果皮略薄,在正常温度下,长度25~28cm,直径4cm左右,商品性好。单果重80~100g,辣味浓,抗锈斑病和烟草花叶病毒病
	37-79	该品种早熟,植株长势旺盛,叶片适中。在低温下易坐果,果实膨大速度快,节间较短,分枝力强。在设施种植,果长24~30cm,果肩宽4~4.5cm,单果重110~150g,果实浅绿色,味辣,柄部稍有皱。连续结果能力强,单株最多连续结果70个以上。综合性状好,适合春秋拱棚及越冬冬春温室及露地栽培
	巴莱姆	无限生长型;产量高,越冬栽培亩产15000~18000kg。颜色深绿,果肉厚,果实长度25~30cm,整齐度好;口味清香,闻着辣,吃起来不辣;长势旺盛,茎秆粗壮,枝叶茂盛;适应性强,可以多茬口栽培,越冬、冬春、越夏拱棚、秋延后栽培均可
黄瓜	博美301	强雌品种,适宜北方设施早春、越冬温室及春大棚栽培,植株长中等,叶片中等偏小。瓜条深绿色,有光泽,商品性好;密刺型,长35cm左右,单瓜重200g左右
	翠绿2号	植株长势强壮,耐低温,耐弱光能力强,高抗枯萎病,具有较强的抗逆性。叶片中小,节间短,以主蔓结瓜为主,膨瓜速度快,瓜条深绿,有光泽,瓜把短,比同类增产38%,亩产可达20000kg,适合越冬、早春日光温室及春大棚栽培
	中荷15	杂交种。华北型。植株长势强,叶片中等大小,主蔓结瓜为主,瓜码密度中,腰瓜长36cm左右,瓜条好,膨瓜速度快,连续结瓜能力强。干物重3.21g,可溶性固形物3.01%,维生素C含量0.115mg/g,总糖含量21.7mg/g。感白粉病、霜霉病,耐低温弱光
	中荷16	杂交种。华北型。植株长势强,叶片中等大小,叶色深绿,主蔓结瓜为主,节间稳定;瓜码适中,腰瓜长35cm左右,瓜条棒状,刺瘤密、瓜条顺直、连续结瓜能力强。中抗白粉病、霜霉病,耐低温弱光
	博美608	杂交种。华北型,强雌性,多数为一叶一瓜,成瓜快;瓜条整齐,把粗短,条直,腰瓜长30cm左右,密刺型,颜色深绿油亮,绿瓢;植株生长势强,株型紧凑,主蔓结瓜为主,具有连续结瓜能力。中抗白粉病、霜霉病
	德瑞特27	杂交种。华北型。瓜码密度中等,膨瓜速度快;腰瓜长度33cm左右,短把密刺,黑亮顺直;瓜条短棒状,粗短把密刺,刺瘤明显,瓜身匀称,瓜色深绿油亮,心腔细、果肉厚、果肉淡绿色。抗白粉病、霜霉病,耐热

续表

蔬菜种类	栽培品种	品种特性
黄瓜	博美80-5	在原博美80-3基础上推出的换代品种。瓜条商品性好,油亮;不歇秧,总产量高,总体效益好。瓜条长32cm左右,把短、条直、无棱、无黄线;以主蔓结瓜为主,茎秆粗壮,长势中等偏强,节间稳定,株型好,连续带瓜能力强。高抗霜霉病、白粉病和枯萎病三大病害;产量高、不歇秧,越冬温室栽培亩产最高可达28000kg,是辽宁地区越冬、早春温室理想的品种
	津绿11号	华北型杂交种。早熟性好,播种到采收时间为55~60d。春棚栽培第一雌花节位4~6节。生长势较强。主蔓结瓜为主。瓜绿色,有光泽,瓜条顺直,瓜长35cm左右,单瓜重200~250g,棒状,中等刺瘤,瓜把短,果肉淡绿色,质脆,味甜。干物重5.0g,高抗霜霉病,抗角斑病,耐低温能力强
	津绿琬美	植株生长势强,主侧蔓均能结瓜,强雌性。一节一瓜,或一节2~3瓜。越冬栽培亩产$1×10^4$kg以上,春棚栽培亩产7500kg以上。果实长圆柱形,瓜绿色,光滑稍有皱,少刺毛,瓜长12~14cm,横径2.5cm左右,单瓜重60g左右。口味清香可口。抗霜霉病、白粉病、枯萎病和角斑病
	津优35号	黄瓜植株生长势较强,单性结实能力强,瓜条生长速度快。早熟性好,生长后期主蔓掐尖后侧枝兼具结瓜性且一般自封顶。中抗霜霉病、白粉病、枯萎病、耐低温、弱光。瓜条顺直,皮色深绿、光泽度好,瓜把小于瓜长1/7,心腔小于瓜横径1/2,刺密、无棱、瘤小,腰瓜长33~34cm,不弯瓜,不化瓜,畸形瓜率极低,单瓜重200g左右,果肉淡绿色,肉质甜脆,商品性极佳。生长期长,不易早衰,越冬栽培亩产$2×10^4$kg以上。最大的特点突出了早熟性、丰产性和瓜条外观商品性,兼具抗病、耐低温弱光的性能,达到节能、省工、有效减少农药使用的目的,适宜在华北、东北和西北等地区种植
	津绿新丰	抗病性强,高抗霜霉病、白粉病、枯萎病。商品性好,瓜条顺直,长35~40cm,瓜深绿色,有光泽,刺瘤明显,单瓜重200g左右,瓜把短,心腔小,果肉淡绿色,质脆,味甜,品质优。丰产性好,主蔓结瓜为主,丰产潜力大,亩产达18000~20000kg
	田骄7号(大包)	杂交种。强雌性大刺瘤品种,长势较强,分枝弱,节间长度中等,心形五角形叶片,叶色浓绿,叶片大小中等,果实圆筒形,纵茎16~18cm,横茎3.5~4.3cm,顺直,浅绿色,瘤棱大、稀疏,刺白色。连续坐果性好,中前期坐果集中,较抗霜霉病与枯萎病。中抗白粉病,高抗霜霉病,不耐低温弱光。亩产达17000kg
	二绿	杂交种。长势较强,分枝弱,节间长度中等,叶色浓绿,叶片大小中等,果实圆筒形,纵茎16~18cm,横茎3.5~4.3cm,顺直,深绿色。连续坐果性好,抗霜霉病与枯萎病,中抗白粉病,高抗霜霉病,比"大包"品种抗低温能力强。亩产达18000kg

2 露地蔬菜主栽品种调查表

蔬菜种类	栽培品种	品种特性
大白菜	91-12	由两个自交不亲和系杂交而成的杂交种。该品种生育期80d,长势较旺,整齐一致,外叶深绿,叶面稍皱,叶柄绿色。株高50m,开展度75cm,叶球中桩叠抱,结球紧实,适合贮运
大白菜	北京新3号	秋播晚熟大白菜一代杂种。生长期80～85d,整齐度高,外叶深绿,叶面稍皱,开展度较小,叶球中桩叠抱,后期壮心速度快,紧实,单球净重4～5kg。抗病毒病和霜霉病,口感佳,品质优,耐贮运
大白菜	顶峰	生长期75d左右,外叶深绿,叶面稍皱,叶柄绿色,叶球中桩叠抱,结球紧实,整齐一致,生长势强,单株净重4kg左右,亩产净菜10000kg以上,后期壮心快,抗病毒病和霜霉病、软腐病,是目前秋菜种植最理想的品种。本品种口感好,耐贮运,是市民购买秋白菜的首选品种
菜豆	泰国架豆王	中早熟品种,蔓生,长势强,分枝力极强。叶深绿色、叶片肥大,自然株高3m。产量高、抗病、抗热,豆荚少筋,肉质鲜嫩肥厚,纤维少,适口性好,品质极佳
韭菜	嘉兴铁杆青	株高50cm以上,株丛直立性好,叶片宽而厚,叶色绿,叶稍粗圆,色白纤维少,香味浓,品质极佳。在肥水条件好的情况下,植株生长健壮,分蘖力强,抗病耐寒
韭菜	嘉兴白根	叶色浅绿,叶宽0.8～1.4cm。假茎粗大,横径0.6～1.2cm,株高40～50cm。抗低温耐严寒,3～4℃下能缓慢生长,－3℃时仍青绿。分蘖力强,生长旺盛。早春返青快,休眠期极短。每666.7m^2产量达3000～4000kg。适于露地及设施栽培
韭菜	马莲韭	又名马蔺韭,株高40～50cm,植株直立,叶片宽,似马蔺,叶色嫩绿,分蘖力强,抗病耐热,抗寒,高产,休眠期短,适应性强
韭菜	久星10号	存活率高,对土壤适应能力强,抗寒性极强,抗病、优质、高产、高效益
黄秋葵	东洋之星	早熟,低位坐荚能力强,坐果早且多,植株强健分枝多,耐软腐病能力强;商品荚五角形,果形细长翠绿色,肉质柔嫩、软滑,品质特好,春秋季都可以种植;该品种的特点是荚长10cm即可采收,长至15～18cm品质仍然很好,延迟采收对商品性的影响很小,鲜食、加工均好
黄秋葵	欧凯儿	杂交一代,早熟生长势强,叶片中等,节间短,连续坐果性良好,产量高。果长11～12cm,果肩宽1.7～1.8cm为适收期,果实光滑匀称,果实多为五角形,整齐度好,果翠绿且富有光泽,脆嫩清甜,萼片覆盖好且不易脱落
黄秋葵	美葵5号	植株长势强,节间短,连续坐果性好;果色深绿有光泽,果呈五角形;次品果少,果肉厚实且柔软,品质好;适应性广,露地及温室栽培均可;特别适合速冻加工出口,国内鲜销使用。可作高档产品推广
黄秋葵	改良卡力巴	直根系,叶掌状五裂,节位短,叶柄长;嫩果浓绿,先端较尖,横断面五角形,荚长8～12cm,横径1.8～2.1cm采收;从第5节起每节都坐果一个,主枝挂果优势高

续表

蔬菜种类	栽培品种		品种特性
红辣椒	干椒品种	辽红3号	中早熟,一般株高55cm,株幅40cm,初花节位8~9片叶,果长15cm左右,粗2.5cm左右。鲜椒单果重25g左右,果绿色,成熟后浑红,果实脱水快,色价高,一般在16左右。亩产干椒375kg左右,抗病性强,是目前干椒生产首选品种
		韩国大红辣椒F1	植株高度75~85cm,开张度60~70cm,亩栽植株数4000株左右,不宜密植。坐果率高,平均单株成熟果35个以上,果长12~16cm,果径1.8~2.3cm,果肉厚,色素含量高,适宜做鲜椒或干椒销售。抗病、抗性强、高产,亩产鲜椒可达2000kg左右。亩产干椒300~400kg,高产地块可达500kg
		鲁红6号	由胶州市宏隆辣椒研究所经杂交选育而成,是传统益都椒的升级换代产品。植株长势强、抗病、连续坐果能力强,坐果多、高产,亩产干椒300~400kg,高产田可达500kg以上,果实短锥形,长8~10cm,宽4cm,干椒单果重4g以上,鲜果实脱水快、易制干,干椒一级率高,商品性好。内外果皮均呈紫红色,果皮厚,平整光滑,有光泽。色素含量高,椒香浓郁,风味佳,是提取天然色素、食品加工及外贸出口的最佳干椒品种
		彩虹经典干椒王	常规种,成熟果实深红色,植株高度70cm左右,开张度60cm左右,果肩宽3~3.5cm,果长10~15cm,抗病性、适应性强,易管理,易晾晒,脱水快,适合采收干椒,色价高,为市场畅销品种。适宜亩栽植密度4000~4500株,亩产200~300kg
		红龙3号	从山东胶州辣椒研究所引进替代"益都红"的优质干椒品种,具有植株长势强、抗病高产,一级干椒80%以上,株高65cm左右,开张度60cm左右,干椒单果重3.5g,单株商品果20个以上,果实羊角形,易晾晒、脱水快、上市早,内外果皮均呈紫红色。皮厚、平整光滑,色素含量超过"益都红"。适宜亩栽植密度4000~5000株,亩产干椒250~300kg
		彩虹板椒	常规种,成熟果实深红色,植株高度70cm左右,开张度60cm左右,果肩宽3cm以上,果长10~15cm,抗病性、适应性强,易管理,易晾晒,脱水快,适合采收干椒,为市场畅销品种。适宜栽植密度为4000~5000株/亩,亩产200~300kg
		天津宝坻天鹰椒(来星)	从天津市宝坻区种子公司引进,属中晚熟品种,适应性强、产量高、整齐度好,品质优良,辣度高、抗病性好,其株型紧凑,椒果向上簇生,花冠白色,果实深红,千粒重4.5~5g,可亩产干椒250~300kg

续表

蔬菜种类	栽培品种		品种特性
红辣椒	干鲜两用品种	辽红2号	从辽宁省农科院蔬菜所引进的杂交一代辣椒种,中早熟,属干鲜两用品种,初花节位7～8片叶,株高60cm左右,株幅45cm左右,果长15～16cm,果粗2.5～3.5cm,单果重30g左右。一般单株坐果45～50个。亩鲜椒产量3500kg左右,干椒产量400kg左右。抗病性强,适合北方露地栽培
		园艺1号	是杂交干鲜两用的辣椒品种,也是专用的加工型辣椒品种,植株生长健壮,根系发达,株型紧凑,株高70cm左右,开展度60cm,果径1.8～2.0cm,果长13～16cm,连续坐果能力强。在水肥和温度适宜的条件下单株坐果60个以上。鲜椒颜色亮丽,椒面光亮平滑,椒形顺直、美观,鲜果重16～20g。果实羊角形,成熟时果实深红油亮,含油量高,色素含量高。抗病力极强,抗旱、耐涝。对病毒病、疫病、炭疽病、枯萎病及落花落果等有较强抗性。干椒亩产300～500kg
		韩国红都F1	韩国品种,干鲜两用型,植株高度80cm左右,开张度70cm,亩栽植株数4000～4200株,坐果率高,单株成熟果高达50个以上,且节间短,成熟期一致。果长12～18cm,果径1.8～2.1cm,微辣,果肉厚,色素含量高,据检测色价高达17以上。抗病、抗逆、稳定性强,亩产鲜椒2000kg左右,亩产干椒300～400kg,高产地块可达500kg
	鲜椒品种	园艺5号	属于中早熟辣椒杂交品种,辣味强,果实羊角形,株高65cm左右,果长12～14cm,果茎2～3cm,单果鲜重15～20g,干椒重3.0g左右,干椒暗红光亮,高油脂,辣椒红素含量高。该品种坐果能力强,单株坐果可达50～60个。抗性极强,抗旱、抗涝,高抗病毒病、青枯病、叶斑病、疫病。商品椒烂椒、病椒很少,品质优良。园艺5号是绿椒、红椒和加工干椒多用品种,亩产红鲜椒2000kg以上,高产地块可达2500kg以上,干椒亩产300～500kg
		辽红4号	红鲜椒专用品种,中早熟一代杂交种,植株生长健壮,株型紧凑,一般植株高60～65cm,开展度50～55cm,叶片中等大小,8～9片叶着生第一朵花。果长15～16cm,粗22～25cm,果面光滑,果形顺直,色素含量高,辣味浓。一般亩产红辣椒4000kg左右,该品种抗病毒、抗疫病能力强,适合我国黄河以北地区露地或春大棚栽培

续表

蔬菜种类	栽培品种	品种特性
甘蓝	中甘 21	用雄性不育系配制的早熟春甘蓝一代杂种。整齐度高,杂交率达 100%。球叶色绿,叶质脆嫩,品质优良,圆球形,球形外观美观,不易裂球。冬性强,耐先期抽薹,抗干烧心病。单球重约 1kg,定植到收获约 50d,亩产 3500kg 左右
甘蓝	精品 8398	植株开展度 40~50cm,外叶 12~16 片,叶色绿,叶片倒卵圆形,叶面蜡粉较少。叶球紧实,近圆球形,叶质脆嫩,风味品质优良。冬性较强、不易未熟抽薹,抗干烧心病。早熟性好,从定植到商品成熟约 50d,单球重 0.8~1.0kg,亩产可达 3500kg 左右
甘蓝	中甘 11 号	植株开展度 46~52cm,外叶 14~17 片,叶色深绿,叶片倒卵圆形,叶面蜡粉中等。叶球紧实,近圆形,质地脆嫩,风味品质优良,不易裂球。冬性较强,不易未熟抽薹,抗干烧心病。从定植到商品成熟 50d,单球重 0.7~0.8kg,亩产可达 3000~3500kg
西兰花	优秀	早熟品种,花球蘑菇状顶端较突出,颜色深绿,单球重 350~400g,花球紧实,花蕾细,商品性好,侧枝较少,适合早春及秋季栽培
西兰花	圣绿	中晚熟品种,长势旺,耐寒,单球重约 500g,半圆形,细蕾,浓绿,不易空心
西兰花	炎秀	中熟品种,定植后 70 天左右收获,较耐热。株型直立,长势旺盛,花球色绿,花粒大小均匀,蕾粒细腻
萝卜	京研绿秀	青首型萝卜新品种,青首颜色深,根形美观。叶数少,叶色深绿,肉质根圆柱形,根色 2/3 绿,入土白。根长 26~28cm,直径 7~8cm,根重 1.0~1.1kg。抗病毒病和软腐病,从播种到采收 60 天左右
萝卜	京脆 1 号	叶片近板叶形,叶片深绿色,半直立株型。根形椭圆,根皮绿色,入土部分白色,肉色浅绿,水分大,肉质甜脆。秋季栽培,高畦直播,行株距 50cm×25cm,每 667m² 播种量 0.4kg,生长期 75~80d。注意均匀浇水,否则会引起裂根。选择土层深厚、富含有机质的沙壤土栽培。注意事项:比正常播种期晚播 7~10 天可有效地避免裂根。秋季大棚内种植效果更佳

续表

蔬菜种类	栽培品种	品种特性
大葱	三十家子鳞棒葱	长势较强,株高110~130cm,假茎长45~55cm,粗3cm左右,单株重250~500g,最大可达1kg以上,干葱率达50%~60%。叶片明显交错互生,叶色浓绿,葱白质地充实,纵切后各层鳞片容易散开,味甜、微辣,香味浓厚,抗逆性强,耐贮运
	辽葱1号	辽宁省农业科学院园艺研究所选育。抗病能力强,抗寒、耐热、耐贮。植株生长势强,株高110cm左右,葱白长45~50cm,直径3~4cm,不分蘖。叶蜡粉多,色浓绿,叶肉肥厚,单株重约250g,肉质细嫩,甜辣适中,口感好
	辽葱2号	株高115cm左右,最高可达160cm,葱白长45~55cm,横径3~4.5cm。叶片颜色深绿、叶表蜡粉多、叶片直立、生长期间功能叶(常绿叶片)4~6片。独棵不分蘖。平均单株鲜重250g,最大单株鲜重可达800g
	盛京3号	以五叶齐为母本,辽葱1号为父本,采用母本去雄的人工杂交,经8个世代选择,选育出产量、抗病性、抗逆性等综合性状表现稳定的大葱新品种。该品种生长势强,叶片直、葱白长。抗风能力强,较抗灰霉病、紫斑病。适合北方各地种植
洋葱	北京黄皮	北京地方品种。成株的功能叶有9~11枚,叶为管状,叶面有蜡粉,深绿色。鳞茎外皮浅棕黄色,肥厚的鳞片为黄白色,鳞茎盘较小,鳞茎形态不一。扁圆形者纵、横径比为1:(1.5~1.6),颈部较细(约2cm),单球重约100g。圆球形者其纵、横径比1:1.2,颈部较粗(约3cm),单球重150~200g。鳞茎细嫩,纤维少,辣味较轻而略甜。鳞茎含水量较少,耐贮藏。每667m²产鳞茎1500~2000kg
	熊岳圆葱	由辽宁农业职业技术学院育成,1982年通过辽宁省农作物品种审定委员会审定。植株生长旺盛,株高70~80cm,成株有功能叶8~9枚。管状叶深绿色,叶面有蜡粉。成熟鳞茎扁圆形;纵径4~6cm,横径6~8cm,外被橙黄色有光泽的半革质鳞皮。肉质鳞片5~6层,外层淡黄色,内层乳白色。单个鳞茎重130~160g。适应性、抗逆性和抗病性均强,且具有耐盐碱和不易早期抽薹的特点。每667m²产量为3500kg左右
	甘肃紫皮	株高70厘米以上,成株有功能叶10枚左右,叶色深绿,有蜡粉,叶鞘(假茎)较粗。鳞茎扁圆形,纵径4~5m,横径9~10cm,鳞皮半革质、紫红色,肉质鳞片7~9层,呈淡紫色。单个鳞茎重250~300g。辣味浓,水分多,品质中等。抗寒、耐旱,但休眠期短,萌芽早,易腐烂。一般每667m²可产3500kg以上

续表

蔬菜种类	栽培品种	品种特性
胡萝卜	改良新黑田五寸	生长势强,早期生育好,耐暑性、抗病性较强;肥大好,根部收尾好,根形优秀;根色深红,根皮光滑;夏季播种,秋、冬收获的丰产品种
	厦农七寸	生育期120～180d,每667m^{2}产量4600kg左右,最佳播种时间在9月上旬至10月下旬。该品种中早熟,耐热耐寒,长势强健,耐旱耐湿,极抗病,容易栽培管理,在不良的环境下,亦能正常生长
	日本杂交胡萝卜	根形好,直筒形,收尾好,春季不易抽薹,耐裂根,田间保持力好。株型直立,长势强,耐寒性强,高抗黑枯病;适应性强,可春夏秋播种
	超级红芯	属抽薹晚、收尾早、"三红率"高的超级品种。生长势强,耐暑性、抗病性强

3 蔬菜适宜的土壤酸碱度

蔬菜种类	酸碱度适宜范围(pH)	蔬菜种类	酸碱度适宜范围(pH)
黄瓜	5.5～6.7	根蒂菜	6.0～6.8
南瓜	5.0～6.8	芥蓝	5.0～6.8
西瓜	5.0～6.8	大葱	5.9～7.4
甜瓜	6.0～6.7	洋葱	6.0～6.5
番茄	5.2～6.7	韭菜	6.0～6.8
茄子	6.8～7.3	大蒜	6.0～7.0
辣椒	6.0～6.6	萝卜	5.2～6.9
马铃薯	4.8～6.0	芜菁	5.2～6.7
大白菜	6.0～6.8	胡萝卜	5.5～6.8
结球甘蓝	5.5～6.7	牛蒡	6.5～7.5
花椰菜	6.0～6.7	防风	6.0～7.0
芥菜	5.5～6.8	芋头	4.1～9.1
球茎甘蓝	5.0～6.8	芦笋	6.0～6.8
莴苣	5.5～6.7	菜豆	6.0～7.0
结球莴苣	6.6～7.2	豇豆	6.2～7.0
芹菜	5.5～6.8	豌豆	6.0～7.2
菠菜	6.0～7.3	蚕豆	7.0～8.0

4 蔬菜种子的分级、大小及重量

种子大小	蔬菜种类	平均大小/mm			千粒重/g	单位种子克数或每克种子粒数
		长	宽	厚		
很大粒种（千粒重大于1kg）	佛手瓜	115	89	—	—	约150g/单瓜
	薯蓣	—	—	—	—	35~50g/薯蓣段子
	姜	—	—	—	—	25~50g/姜块
	马铃薯	—	—	—	—	20~50g/薯块
	蒜	—	—	—	—	2.5~5g/蒜瓣
	刀豆	29.1	20	13	3472	3.5g/粒
	芡实	—	—	—	2060	2.1g/粒
	莲子	24	11	—	1388	1.4g/粒
大粒种子（千粒重100~1000g）	扁豆	6.15	8.1	6.75	606.06	1.65粒/g
	菜豆	18.5	9.5	4.5	425	2.35粒/g
	印度南瓜	17.1	10.2	3.1	341.65	2.92粒/g
	豌豆	8.42	6.81	—	325	3.08粒/g
	中国南瓜	15.2	8.4	2.3	245	4.08粒/g
	美洲南瓜	13.7	7.3	2.1	165	6.06粒/g
	棱角丝瓜	12	7.4	3.2	220	4.54粒/g
	豇豆	9.45	5.2	3.25	150	6.67粒/g
	苦瓜	12.66	7.12	3.65	139	7.19粒/g
	角瓜	17.01	10.12	2.51	130	7.69粒/g
	普通丝瓜	12.75	8.25	2.9	110.5	9.04粒/g
	大粒西瓜	12.32	7.81	2.31	100	10粒/g
中粒种子（千粒重10~99.9g）	番茄	8.8	8.7	6	91.66	10.89粒/g
	瓠瓜	12	6	2.25	86.72	11.53粒/g
	黄秋葵	5.45	4.75	4.56	60	16.67粒/g
	小籽西瓜	8.12	4.73	2.12	40.93	24.43粒/g
	蕹菜	5.4	4.4	3.1	38.4	26.04粒/g
	青皮冬瓜	9.25	5.15	3.1	36	27.78粒/g
	节瓜	10.75	6.1	2	30.78	32.48粒/g
	网纹甜瓜	10.2	4.1	1.93	25.74	38.85粒/g
	落葵	中轴4.55	直径3.45	—	23.11	43.27粒/g
	黄瓜	10	4.25	1.4	23	43.47粒/g
	芦笋	3.8	3	2.4	22.5	44.44粒/g
	普通甜瓜	7	3.3	1.4	19.5	51.28粒/g
	牛蒡	6.55	3	1.45	13.66	73.2粒/g
	根用甜菜	3.37	—	—	13.26	75.41粒/g
	叶用甜菜	3.51	—	—	13	76.92粒/g
	中国型萝卜	3.53	2.72	1.4	13	76.92粒/g
	尖叶菠菜	4.45	3.8	2.15	12.59	79.42粒/g

续表

种子大小	蔬菜种类	平均大小/mm			千粒重/g	单位种子克数或每克种子粒数
		长	宽	厚		
小粒种子（千粒重1～9.9g）	圆叶菠菜	3.75	3.2	2.2	9.5	105.26 粒/g
	四季萝卜	2.95	2.64	2.11	8.5	117.64 粒/g
	芫荽	4.2	2.3	1.15	8.05	124.22 粒/g
	茄子	3.4	2.9	0.95	5.25	190.47 粒/g
	辣椒	3.9	3.3	1	5.25	192.3 粒/g
	芜菁	—	—	—	3.75	266.67 粒/g
	结球甘蓝	2.05	2	1.85	3.75	266.67 粒/g
	冬葵	2.45	—	1.55	3.67	272.47 粒/g
	洋葱	3	2	1.5	3.5	285.71 粒/g
	韭菜	3.1	2.1	1.25	3.45	289.85 粒/g
	花椰菜	2.05	1.75	1.6	3.25	307.69 粒/g
	大白菜	1.9	1.85	1.6	3.25	307.69 粒/g
	番茄	5	4	1.08	3.25	307.69 粒/g
	小茴香	5.4	1.45	1	3.2	312.5 粒/g
	美洲防风	6.5	5	0.55	3.16	316.45 粒/g
	球茎甘蓝	2.2	2.05	1.9	2.9	344.82 粒/g
	大葱	3	1.85	1.25	2.9	344.82 粒/g
	白菜	1.41	1.3	1.21	2.65	377.35 粒/g
	韭葱	3	2	1.38	2.5	400 粒/g
	樱桃番茄	3.2	2.51	0.51		
			顶端直径	基部直径	1.8	555.55 粒/g
	苦苣	2.51	1.4	0.8		
	茼蒿	2.9	顶端直径 1.5	基部直径 0.8	1.65	606.06 粒/g
					1.65	606.06 粒/g
	胡萝卜	4	1.4	0.65	1.25	800 粒/g
	莴苣	3.8	1.3	0.55	1.15	869.56 粒/g
很小粒种子（千粒重小于1g）	芥菜	1.3	1.2	1.1	0.5952	1680 粒/g
	苋菜	1.22	1.1	0.91	0.55	1818.18 粒/g
	马铃薯	1.71	1.32	0.31	0.5	2000 粒/g
	芹菜	1.35	0.75	0.65	0.47	2127.65 粒/g
	荠菜	1.1	0.92	0.5	0.1415	7067.13 粒/g
	豆瓣菜	1	0.75	0.6	0.1358	7363.77 粒/g

5 蔬菜种子寿命和使用年限参考值

蔬菜种类	种子寿命/年	使用年限/年	蔬菜种类	种子寿命/年	使用年限/年
大白菜	3～4	1～2	豇豆	3～4	1～2
萝卜	3～4	1～3	豌豆	3～4	1～2

续表

蔬菜种类	种子寿命/年	使用年限/年	蔬菜种类	种子寿命/年	使用年限/年
水萝卜	3~4	1~2	胡萝卜	4~5	1~3
甘蓝	3~4	1~2	芹菜	2~3	1~3
球茎甘蓝	3~4	1~2	芫荽	4~5	1~3
花椰菜	3~4	1~2	茴香	2~3	1~2
芥菜	3~4	1~2	大葱	1~2	1
芜菁	3~4	1~2	圆葱	1~2	1
黄瓜	2~3	1~3	韭菜	1~2	1
西葫芦	4	1~2	菠菜	3~4	1~2
南瓜	3~5	1~3	茼蒿	2~3	1~2
冬瓜	2~3	1~2	叶用甜菜	4~5	1~3
丝瓜	5	1~2	白菜	4~5	1~3
瓠瓜	5~6	1~3	蕹菜	4~5	1~3
番茄	3~4	1~3	莴苣	3~4	1~3
茄子	3~4	1~3	苋菜	4~5	2~3
辣椒	2~3	1~3	芦笋	3~4	1~2
菜豆	2~4	1~2			

6 蔬菜秧苗易发生病害的温湿度条件

蔬菜种类	病害名称	发病条件		
		多湿	干燥	适宜温度/℃
多种类菜	猝倒病	△		15~16
	立枯病	△		24
	沤根	△		<12
番茄	叶霉病	△		20~25
	白粉病		△	20~25
	灰霉病	△		20
	斑点病			27~30
	疫病			18~20
	青枯病			30(地温)
	萎蔫病			27~28
	根腐病			10~20
辣椒	白粉病		△	25
	灰霉病	△		22~23
	疫病	△		28~30

续表

蔬菜种类	病害名称	发病条件		
		多湿	干燥	适宜温度/℃
茄子	白粉病		△	28
	灰霉病	△		20
	黑枯病	△		20～25
	菌核病	△		15～24
	青枯病			30(地温)
	黄萎病			22～26(地温)
黄瓜	霜霉病	△		16～22
	白粉病		△	16～30
	黑星病	△		17～21
	灰霉病	△		20
	菌核病	△		18～20
	斑点病	△		20～25
	病毒病			
	疫病	△		24
	蔓枯病	△		20～24
	枯萎病	△		24～27

注：有"△"号的表明该项条件易使菜苗得相应病害。白粉病在高温干旱与高温高湿交替出现，又有大量白粉菌源时很易流行。多数蔬菜在苗期可发生猝倒或立枯病。

7 蔬菜秧苗(成株)能忍耐的低温及适宜范围

蔬菜种类	能忍耐的低温/℃	适宜温度范围		
		最低/℃	最适/℃	最高/℃
番茄	−1～0	8～10	20～25	35
茄子	0～1	12～15	22～30	40
辣椒	0～1	12～15	22～28	40
黄瓜	4～5	10～12	20～25	35～40
南瓜	4～5	15	18～32	40
美洲南瓜	1～2	14	15～25	40
菜豆	2～3	10	18～25	35
豌豆	−5	3～5	9～23	30
马铃薯	−2～−1	7	18～21	25
萝卜	−2～−1	4	15～20	25
胡萝卜	−3～−1	3～4	23～25	30
大白菜	−5～−4	4～5	18～22	30
结球甘蓝	−5～−3	4～5	15～18	25
球茎甘蓝	−3～−1	4～5	15～20	25

续表

蔬菜种类	能忍耐的低温/℃	适宜温度范围		
		最低/℃	最适/℃	最高/℃
花椰菜	−3～−2	4～5	17～20	25
葱	−10	6～10	18～24	30
韭菜	−8～−6	6	12～24	40
蒜	−17～−6	3～5	12～24	28
洋葱	−7～−1	6	12～20	25
菠菜	−8～−6	6～8	15～20	25
芹菜	−5～−4	10	15～20	30
莴苣	−4～−3	5～10	11～18	24

8 主要化肥快速识别法

肥料	状态	颜色	气味	是否溶于水	放在烧红的木炭上	加碱反应	加酸反应	加硝酸银反应	加氯化钡反应
硫酸铵	结晶	白色或浅黄、浅蓝色	氨味	溶	熔化冒烟	氨味	—	—	白色沉淀
氯化铵	结晶	白色	氨味	溶	冒白烟	氨味	—	白色沉淀	—
硝酸铵	结晶或粒状	白色	氨味	溶	燃烧有氨味	氨味	—	—	—
碳酸氢铵	结晶	白色	氨味大	溶	熔化挥发有氨味	氨味	产生气泡	—	白色沉淀
尿素	结晶或粒状	白色	无味	溶	熔化冒烟	—	—	—	—
石灰氮	粉状	黑灰色	电石味	不溶	—	产生黑褐色气泡	—	—	—
过磷酸钙	粉状	灰白色	酸味	部分溶	—	—	—	—	—
钙镁磷肥	粉状	灰白色	无味	不溶	—	—	—	—	—
骨粉	粉状	灰白色	无味	不溶	变黑焦味	—	起泡	—	—
硫酸钾	结晶	白色	无味	溶	紫火焰	—	—	—	白色沉淀
氯化钾	结晶	白色	无味	溶	紫火焰	—	—	白色沉淀	—

续表

肥料	状态	颜色	气味	是否溶于水	放在烧红的木炭上	加碱反应	加酸反应	加硝酸银反应	加氯化钡反应
磷矿粉	粉状	灰色或黄色	无味	不溶	—	—	—	—	—

注：1. 加碱反应：取肥料溶液 2～3mL 放在瓷碗里，加 5%～10% 氢氧化钠（或石灰水）1～2mL。

2. 加酸反应：取肥料溶液 2～3mL 放在瓷碗里，加稀盐酸 2mL。

3. 加硝酸银反应：取肥料 1～2mL，加 1%～2% 硝酸银 4～6 滴。

4. 加氯化钡反应：取肥料溶液 1～2mL，加 2%～5% 氯化钡 4～6 滴。

9　手测法估计细质地土壤相对含水量

相对含水量	土壤质地（黏土和黏壤土）	水分管理
100%（田间持水量）	土色很暗，当用手挤压时可留下轻微的湿痕，可搓成 4cm 以上的土条	停止灌溉
70%～80%	土色相当暗，易搓成光滑的土条和紧实的土球	不需灌溉
60%～65%	土色比较暗，可搓成紧实的土球，土条大小为 0.5～1cm	不需灌溉
50%	容易搓成土球，土块压平不致破碎，些微地成土条	开始灌溉
35%～45%	土色稍暗，形成不牢固的土球，土块易碎	继续灌溉
<20%（凋萎点）	土色浅，坚硬紧实，土块破碎	继续灌溉

10　常用农药通用名与商品名对照表

药剂种类	通用名称	商品名称
杀螨剂	阿维菌素	爱福丁、阿维虫清、虫螨光、齐螨素、虫螨克、灭虫灵、螨虫素、虫螨齐克、虫克星、灭虫清、害极灭、7051 杀虫素、阿弗菌素、阿维兰素、爱螨力克、阿巴丁、灭虫丁、赛福丁、杀虫丁、阿巴菌素、齐墩螨素、齐墩霉素
	氯氟氰菊酯	功夫、三氟氯氰菊酯、PP321 等
	甲氰菊酯	灭扫利、杀螨菊酯、灭虫螨、芬普宁等
	联苯菊酯	天王星、虫螨灵、三氟氯甲菊酯、氟氯氰菊酯、毕芬宁
	噻螨酮	尼索朗、除螨威、合赛多、己噻唑、时杰
	噻嗪酮	扑虱灵、优乐得、灭幼酮、亚乐得、布芬净、稻虱灵、稻虱净
	哒螨灵	哒螨酮、扫螨净、速螨酮、哒螨净、螨必死、螨净、灭螨灵

续表

药剂种类	通用名称	商品名称
杀螨剂	单甲脒	锐索、螨虱克、单甲脒盐酸盐、万强、森农、满不错、沙曼、天泽、天环、螨清、螨类净等
	双甲脒	螨克、果螨杀、杀伐螨、三亚螨、胺三氮螨、双虫脒、双二甲脒
	倍硫磷	芬杀松、番硫磷、百治屠、拜太斯、倍太克斯
	螺螨酯	螨危
	唑螨酯	霸螨灵、绿敏、螨恐、红卫
	三唑锡	三唑锡倍乐霸、白螨灵、泡螨、克蛛勇、清螨丹、诱螨、螨无踪、阿帕奇、果飘香、遍地红、螨必败、使螨伐、正螨、螨秀、螨爽、全月宁、就买它等
	四螨嗪	阿波罗、螨死净、满早早、战卵、捕螨特、爆卵、宰螨
	二嗪磷	二嗪农、地亚农、大利松、大亚仙农等
	杀螟硫磷	速灭虫、杀螟松、苏米松、扑灭松、速灭松、杀虫松、诺发松、苏米硫磷、杀螟磷、富拉硫磷、灭蛀磷等
	虫螨腈	除尽、溴虫腈等
杀虫剂	苏云金杆菌	苏力菌、灭蛾灵、先得力、先得利、先力、杀虫菌1号、敌宝、力宝、康多惠、快来顺、包杀敌、菌杀敌、都来施、苏得利
	吡虫啉	蚜虱净、一遍净、大功臣、咪蚜胺、艾美乐、一扫净、灭虫净、扑虱蚜、灭虫精、比丹、高巧、盖达胺、康福多
	除虫脲	灭幼脲1号、伏虫脲、二福隆、斯代克、斯盖特、敌灭灵等
	灭幼脲	苏脲1号、灭幼脲3号、一氯苯隆等
	氟啶脲	抑太保、定虫隆、定虫脲、克福隆、IKI7899等
	抑食肼	虫死净
	多杀霉素	菜喜、催杀、多杀菌素、刺糖菌素
	S-氰戊菊酯	来福灵、强福灵、强力农、双爱士、顺式氰戊菊酯、高效氰戊菊酯、高氰戊菊酯、霹杀高
	氯氰菊酯	安绿宝、赛灭灵、赛灭丁、桑米灵、博杀特、绿氰全、灭百可、兴棉宝、阿锐可、韩乐宝、克虫威等
	顺式氯氰菊酯	高效灭百可、高效安绿宝、高效氯氰菊酯、甲体氯氰菊酯、百事达、快杀敌等
	氟氯氰菊酯	百树得、百树菊酯、百治菊酯、氟氯氰醚酯、杀飞克
	氯菊酯	二氯苯醚菊酯、苄氯菊酯、除虫精、克死命、百灭宁、百灭灵等。
	溴氰菊酯	敌杀死、凯素灵、凯安保、第灭宁、敌卞菊酯、氰苯菊酯、克敌
	戊菊酯	多虫畏、杀虫菊酯、中西除虫菊酯、中西戊醚酯、戊酸醚酯、戊醚菊酯、S-5439
	敌百虫	三氯松、毒霸、必歼、虫决杀
	抗蚜威	辟蚜雾、灭定威、比加普、麦丰得、蚜宁、望俘蚜
	灭多威	万灵、快灵、灭虫快、灭多虫、乙肟威、纳乃得
	啶虫脒	吡虫清、乙虫脒、莫比朗、鼎克、NI-25、毕达、乐百农、绿园
	异丙威	灭必虱、灭扑威、异灭威、速灭威、灭扑散、叶蝉散、MIPC

续表

药剂种类	通用名称	商品名称
杀虫剂	丙溴磷	菜乐康、布飞松、多虫磷、溴氯磷、克捕灵、克捕赛、库龙、速灭抗
	哒嗪硫磷	杀虫净、必芬松、哒净松、打杀磷、苯哒磷、哒净硫磷、苯哒嗪硫磷
	噻虫嗪	阿克泰
	灭蝇胺	环丙氨腈、蝇得净、赛诺吗嗪、环丙胺嗪
杀菌剂	百菌清	达科宁、打克尼太、大克灵、四氯异苯腈、克劳优、霉必清、桑瓦特、顺天星1号
	多菌灵	苯并咪唑44号、棉萎灵、贝芬替、枯萎立克、菌立安
	代森锰锌	新万生、大生、大生富、喷克、大丰、山德生、速克净、百乐、锌锰乃浦
	霜脲·锰锌	克露、克抗灵、锌锰克绝
	噁霜·锰锌	杀毒矾、噁霜锰锌
	甲霜灵	甲霜安、瑞毒霉、瑞毒霜、灭达乐、阿普隆、雷多米尔
	霜霉威盐酸盐	普力克、霜霉威、丙酰胺
	三乙膦酸铝	乙磷铝、三乙磷酸铝、乙膦铝、疫霉灵、疫霜灵、霜疫灵、霜霉灵、克霉灵、霉菌灵、霜疫净、磷酸乙酯铝、藻菌磷、三乙基磷酸铝、霜霉净、疫霉净、克菌灵
	琥·乙膦铝	百菌通、琥乙磷铝、羧酸磷铜、DTM、DTMZ
	三唑酮	粉锈宁、百理通、百菌酮、百里通
	腐霉利	速克灵、扑灭宁、二甲菌核利、杀霉利
	异菌脲	扑海因、桑迪恩、依普同、异菌咪
	乙烯菌核利	农利灵、烯菌酮、免克宁
	嘧霉胺	灰喜利、施佳乐、甲基嘧菌胺
	氢氧化铜	丰护安、根灵、可杀得、克杀得、冠菌铜
	咯菌腈	适乐时
	嘧菌酯	阿米西达
	噻菌铜	龙克菌
	氟菌·霜霉威	银法利
	丙森锌	安泰生
	咪鲜胺	施保功、施保克、扑霉灵
	丙环唑	敌力脱、秀特、必扑尔
	戊唑醇	立克秀、好力克、富力库、戊康
	氰霜唑	科佳
	精甲霜灵	金雷、金雷多米尔
	烯唑醇	速保利、禾果利、特谱
	烯酰·锰锌	安克·锰锌
	春·王铜	加瑞农、春雷氧氯铜
	丁戊己二元酸铜	琥珀肥酸铜、琥胶肥酸铜、琥珀酸铜、二元酸铜、角斑灵、滴涕、DT、DT杀菌剂
	络氨铜	硫酸四氨络合铜、胶氨铜、消病灵、瑞枯霉、增效抗枯霉
	络氨铜·锌	抗枯宁、抗枯灵
	抗霉菌素120	抗霉菌素、120农用抗菌素、TF-120、农抗120

续表

药剂种类	通用名称	商品名称
杀菌剂	多抗霉素	多氧霉素、多效霉素、保利霉素、科生霉素、宝丽安、兴农606、灭腐灵、多克菌
	春雷霉素	加收米、春日霉素、嘉赐霉素
	吗胍·乙酸铜	病毒A、病毒净、毒克星、毒克清、盐酸吗啉胍·铜
	菌毒清	菌必清、菌必净、灭菌灵、环中菌毒清
	代森铵	阿巴姆、铵乃浦
	敌磺钠	敌克松、地可松、地爽
	甲基立枯磷	利克菌、立枯磷
	乙霉威	万霉灵、抑菌灵、保灭灵、抑霉威
	硫菌·霉威	抗霉威、甲霉灵、抗霉灵
	多·霉威	多霉灵、多霉清、多霉威
	苯醚甲环唑	世高、敌萎丹、噁醚唑
	溴菌腈	休菌清、炭特灵、细菌必克
	氟硅唑	福星、农星、杜邦新星、克菌星
杀线虫剂	棉隆	迈隆、必速灭、二甲噻嗪、二甲硫嗪
除草剂	甲草胺	灭草胺、拉索、拉草、杂草锁、草不绿、澳特拉索
	乙草胺	禾耐斯、消草胺、刈草安、乙基乙草安
	仲丁灵	双丁乐灵、地乐胺、丁乐灵、止芽素、比达宁、硝基苯胺灵
	氟乐灵	茄科灵、特氟力、氟利克、特福力、氟特力
	二甲戊灵	施田补、除草通、杀草通、除芽通、胺硝草、硝苯胺灵、二甲乐灵
	扑草净	扑灭通、扑蔓尽、割草佳
	嗪草酮	赛克、立克除、赛克津、赛克嗪、特丁嗪、甲草嗪、草除净、灭必净
	禾草丹	杀草丹、灭草丹、草达灭、除草莠、杀丹、稻草完
	喹禾灵	禾草克、盖草灵、快伏草
	稀禾啶	拿捕净、乙草丁、硫乙草灭
植物生长调节剂	萘乙酸	A-萘乙酸、NAA
	2,4-滴	2,4-D、2,4-二氯苯氧乙酸
	赤霉素	赤霉酸、奇宝、九二〇、GA_3
	乙烯利	乙烯灵、乙烯磷、一试灵、益收生长素、玉米健壮素、2-氯乙基膦酸、CEPA、艾斯勒尔
	丁酰肼	比久、调节剂九九五、二甲基琥珀酰肼、B9、B-995
	矮壮素	三西、西西西、CCC、稻麦立、氯化氯代胆碱
	甲哌鎓	缩节胺、甲呱啶、助壮素、调节啶、健壮素、缩节灵、壮棉素、棉壮素
	多效唑	氯丁唑

参考文献

[1] 盖捏疆. 朝阳设施农业栽培实用技术[M]. 北京：中国农业科学技术出版社，2012.

[2] 王迪轩. 有机蔬菜科学用药与施肥技术[M]. 北京：化学工业出版社，2011.

[3] 辽宁省农村经济委员会科技教育处. 辽宁设施农业十项主推技术[M]. 沈阳：辽宁民族出版社，2011.

[4] 李天来. 日光温室蔬菜栽培理论与实践[M]. 北京：中国农业出版社，2014.

[5] 杨久涛，徐兆春，国栋，等. SDNYGC-1-3098-2018[S]. 日晒高温覆膜法防治韭蛆田韭蛆技术规程.